文轩 著
转身遇见幸福的
9堂心灵修行课
ZHUAN SHEN
YU JIAN XING FU
DE
JIUTANG
XIN LING XIU XING KE

中国纺织出版社

内 容 提 要

这是一本帮助读者调节心态，发现并收获幸福的书。当你刻意地找寻幸福，就会发现幸福在回避你，而当你用乐观的心态对待万事万物时，当你不沉溺在过去、不迷失在世俗的荣辱中，懂得感恩，学会宽容，能够享受寂寞，发现平淡中的真爱时，你就会发现，幸福就会出现在你的身旁。因为，幸福不在别处，它就栖息在心窗外。

图书在版编目（CIP）数据

转身遇见幸福的9堂心灵修行课 / 文轩编著. --北京 ：中国纺织出版社，2012.10 （2024.4重印）

ISBN 978-7-5064-8950-8

Ⅰ. ①转… Ⅱ. ①文… Ⅲ. ①幸福-通俗读物Ⅳ. ① B82-49

中国版本图书馆CIP数据核字（2012）第181738号

策划编辑：郝珊珊　　责任编辑：赵东瑾　　责任印制：储志伟

中国纺织出版社出版发行
地址：北京东直门南大街6号　邮政编码：100027
邮购电话：010—64168110　传真：010—64168231
http: //www. c-textilep. com
E-mail: faxing @ c-textilep. com
北京兰星球彩色印刷有限公司印刷　各地新华书店经销
2012年10月第1版　2024 年 4 月第 2 次印刷
开本：710×1000　1/16　印张：15.5
字数：182千字　定价：69.80 元

前言

人与人之间本身并无太大的区别，真正的区别在于心态："要么你去驾驭生命，要么生命驾驭你。你的心态决定谁是坐骑，谁是骑师。"

人生总有喜怒哀乐，总少不了悲欢离合，很多外在的因素改变了我们的生活，这些是我们不能控制的。然而，每个人都可以控制自己的心，仅过来又控制了每个人的行动和思想，同时也决定了一个人的视野、事业和成就。

高潮与低谷，每个人都会经历，不论是为此欢欣鼓舞，还是一度消沉、委靡不振，都是人之常情。然而，若把人生比花园，也不可能每天美丽，有春的众花夺艳，也有秋的萧条凄清；有夏的艳阳照热土，也有冬的雪花结花枝。若把人生比明月，明月自有阴晴和圆缺。

没有人是事事如意的，也没有人是一帆风顺的，关键看你如何看待。有时候，人生的短板也能成为一个优势。

伦敦的一个早晨，大雾弥漫，到处都是灰蒙蒙的。城市的公共汽车、出租车和小轿车都无法行驶，被迫停在路边，大街上的行人只好在大雾中慢慢地步行。

伦敦戈德史密斯大学的教授舍洛克要去学院参加一个十分重要的会议，必须准时赶到学院。舍洛克心急火燎地摸索着往前走，可是没过多久，他就像其他行人那样在自己熟悉的城市里迷路了。

就在这时，舍洛克遇到了一位热心肠的人，对方主动问他想去什么地方，需要什么帮助，并介绍说自己叫"好心人"。在获知舍洛克有急事后，“好心人”自告奋勇地提出给他带路。就这样，“好心人”走在前面，舍洛克寸步不离地跟在后面穿行在浓雾弥漫的城市之中。虽然街上能见度很低，但“好心人”却毫不费力地走着。他领着舍洛克穿过一条巷子，接着又拐过一个路口进入一条大街，然后通过一个广场，只用了大约20分钟就到了戈德史密斯大学。

舍洛克十分高兴，但他对这位好心人如此轻车熟路地抵达目的地感到十分困惑。“好心人先生，真是太感谢您了，要不是您，我将错过非常重要的会议！可是，在这样的大雾中，您是怎样辨别路的？”

“先生，再大的雾也不会难倒我，我是一个盲人。”回答后“好心人”就消失在迷雾之中。

面对那些不如意和不幸，泰然处之、从容面对，才能像上文中的“好心人”那样，乐观、豁达地过一生。

打开心窗，将心中的愤懑与不满抖落窗外，要知道，命运对任何人都是公平的，谁都不可能真的一帆风顺，你正困惑于失业之时，事业有成的他可能受困于离婚危机；你正愁苦于下个月的房贷时，有车有房的他可能正面临着更大的阴谋；你正面临疾病的困扰时，健康的他却遭遇了心魔的围攻……没有人例外，在人生的路上都会遭遇危机，都会碰到各种难题，经历种种坎坷，有些人哭了，然后倒下了，有的人哭后却站起来了，这就是区别。

我们能掌控的是对待人生的态度，人生的方向是由我们自己决定的。只有时时保持乐观、积极的思维方式和人生态度，才能享受人生的幸福，才不会为自己的人生留下遗憾。

有心无难事，有诚路定通，正确的心态能让你的人生更坦然、舒心，当然，心态是依靠你自己调适的，只要你愿意，就可以给自己一个正确的心态。

编著者

2012年9月

第一课 幸福不在别处，就栖息在心窗外

有句话说，幸福总在别处，其实只需转变心态，人们就会发现自己拥有的并不比别人少，一切就会随之改变。每个人总是容易看到别人的幸福，而忽略别人的不如意。其实，每棵树的脚下都有阴影，头顶都能接受阳光。

- 生活犹如逆水行舟 /2
- 和自己的心灵对话 /5
- 人生如茶，需要细细品味 /7
- 荣誉的桂冠都是荆棘编成的 /10
- 拥有现在的人最富有 /13
- 人生不可能重来 /16
- 做一回真正的自己 /18
- 得失之间自有新的得失 /20
- 时常给心灵放个假 /24
- 松开握紧的拳头 /26

第二课 别沉溺于过去的风景

最被浪费的一天是没有笑声的一天，沉迷于过去的忧伤、失落或者不幸之中，就是对当下宝贵生命的浪费。走出过去的阴霾，打开心窗，就能领略到活在当下的幸福。

- 别囿于过去中无法自拔 /30

别为打翻的牛奶哭泣 /33
找到性格中的黄金分割点 /36
再忙，也别忘了沿途的风景 /39
让目标指引你前进 /43
拨开缠绕心灵的忧郁之丝 /46
昨天已成往事 /48
生命不能承受之重 /52
别为过去的错误后悔 /54
脱离情绪的“枯井” /56
缘来是福，缘去也是福 /58
心尘如落叶，需及时清理 /62

第三课 懂得感恩，学会宽容

拥有一颗善于发现、善于感悟的心，才能体会自然的美好，感受到人与人之间的温暖和活着的幸福。学会感恩与宽容，送给他人一片阳光，自己就能收获无限幸福。

换个角度看幸福 /66
感悟一只狗的生活哲学 /69
学会加法，自然快乐 /71
带着感恩的心上路 /74
不要忽略身边的幸福 /78
生活就是一面镜子 /82
多一份感恩，多一份幸福 /85
生活不会冷落善良的人 /89
宽容别人也宽容自己 /91
狭隘的心胸只会限制自己的发展 /95
感恩别人，成就自己 /98

第四课 快乐就藏在分享的途中

当你获得成功时，你会快乐；当你帮助他人时，你也会快乐；当你与别人分享快乐时，你会更快乐。正如你将香水喷洒在别人身上，自己也能收获屡屡清香。

- 允许自己被他人“利用” /102
- 舍与得的人生课 /105
- 送给他人一缕阳光 /108
- 你的付出是对自己的尊重 /111
- 换个角度看自己 /114
- 放下自己的贪念 /118
- 一份善念的无价回报 /121
- 吃亏并不一定是坏事 /123

第五课 别迷失在世俗的名利中

幸福、快乐应该是一种平衡而满足的内在感受。要学会满足，假如你不满足，即使睡在天堂里，也如同在地狱中一般饱受煎熬；假如你满足，即便身处地狱，也如同在天堂中一样幸福，所以，知足的幸福才是人生最大的收获。

- 守望那份已得的幸福 /126
- 不为物役，简单生活 /129
- 知足是最大的幸福 /131
- 不要跳进利益的陷阱 /135
- 欲望是心底的黑洞 /137
- 得意淡然，失意坦然 /140
- 不以物喜，不以己悲 /144

别觊觎不属于自己的东西 /147
常思一二，不想八九 /149
看淡权力 /151
不依外物，即得快乐 /153
看淡“人走茶凉” /155

第六课 享受生活中的寂寞

如果能够用享受寂寞的态度来考虑事情，在寂寞的沉淀中反省自己的人生，真实地面对自己，那么就可以在生活中找到更广阔的天空，包括对理想的坚持、对生命的热爱以及对生活的感悟。独处能让人头脑清醒、思维开阔，也能让人无畏无惧。

不是每一个天使都需要翅膀 /158
独处是另一种修行 /162
做个淡定的雅士 /164
坚守无人喝彩的岁月 /166
人生需要经过沉淀 /168
给心灵洗洗澡 /172
水善利万物而不争的智慧 /176

第七课 让微笑变成一种习惯

让微笑变成一种习惯，赶走坏情绪。这是一种对生活巨大的热忱和自信，是一种高格调的真诚与豁达，是一种直面人生的成熟与智慧。这样的人生，无论好坏皆坦然，无论成败皆精彩。

别让心里的乌云遮住阳光 /180
还给心灵以自由 /184
别做坏情绪的主人 188
活着不是为了与人比较 /191
解开骄傲的枷锁 /194

第八课 感悟沧海变桑田的快乐

当沧海变桑田，生活逐渐随着时间而不断改变，此时与其感叹岁月的蹉跎，不如领略其中的快乐，享受人生不同的风景，领略不同的心境，人生才能更加充实，生命才因此而变得有价值。

转角的阳光一样温暖 /198
珍惜生命，热爱生活 /202
那些只言片语的表达 /204
不要轻易放弃努力 /206
坚定地走自己熟悉的路 /210
每一朵花开都是美丽的 212

第九课 真爱藏于平淡无奇中

在生活中，总有很多触手可及的温暖被我们轻易地忽略，那些沉淀的爱与关怀始终陪伴着我们走过人生的风雨路，适时地停下脚步，感悟藏于平淡之中的真情，人生才不会留下遗憾。

爱是轮回的报答 /216
给爱预留一些时间 /218

要拥有崇高的心灵 /222
唤起心中的爱 /224
有一种爱叫做放手 /227
不要搅浑婚姻生活的清水 /230
相濡以沫才是真爱 /234
与过去告别，让往事成风 /236

幸福不在别处，就栖息在心窗外

有句话说，幸福总在别处，其实只需转变心态，人们就会发现自己拥有的并不比别人少，一切就会随之改变。每个人总是容易看到别人的幸福，而忽略别人的不如意。其实，每棵树的脚下都有阴影，头顶都能接受阳光。

生活犹如逆水行舟

有句俗话说：“时间是顺流而下，生活是逆水行舟。”人的一生中时刻都会遇到各种各样的困难。有人为解决温饱问题而奋斗，有人为了抵御气候灾害而埋头钻研，有人为了控制疾病而身先士卒……无论多么幸运的人都无法避免和困难打交道。世人都渴望成功，而成功的人都有不平凡的经历，他们的成功都是从一个又一个困难中走过来的。

当人生遭遇困难时，应该以坦然的心情、积极乐观的心态面对。其实，困难并不可怕，可怕的是不能以正确的态度面对，怀有消极的思想必定会被困难吞噬。当人生面对困难时，信念和精神起着很大的作用。在困难面前，怀着必胜的信心和顺其自然的态度是最好的人生姿态，因为有些事情的结果是难以预料的，期待的结果也许会令人失望，能做到尽力而为就是坦然地面对一切。

一个小男孩13岁的时候，在一次意外事故中失去了双手，从此他失去了生活自理能力，也就是在这个时候，他向父母提出了要读书的要求。没有手的日子是辛苦的，无法像正常人一样握笔写字，他只能用肘关节夹着笔写字。后来，他凭借优异的成绩顺利地考上了大学。大学毕业后他做了一名教师，在教授学生期间，他又学会了写粉笔字，工作之余继续拼搏，又考上了硕士和博士。在读博士期间，他患上了肝癌，等到确诊的时候已经是晚期了，医生断言，他最多还能活3~4个月。面对这场更大的灾难，他以顽强的毅力同厄运抗争。一个月、两个月、三个月……过了一年半，经检查，他的肿瘤奇迹般地缩小了。在这期间，他如期完成了博士论文，并顺利通过了答辩。一个失去双手的人成了生活的强者，他不仅战胜了自身面对的困难，还从社会不接纳他的一次次挫折中走了过来，在人生的舞台上不断攀登新的台阶，敢于抗争，为自己争取了生命的权利。

拜伦曾经说过：“逆境是到达真理的一条通路。”只有勇敢地面对困难，才能到达胜利的彼岸。天空不会总是蔚蓝，道路不会总是平坦。人的生命中总会有一些不幸，但我们要多想一些开心的事情，把嘲讽变成动力，去取得更辉煌的成功；把磨难当成一种色彩，去涂抹五彩缤纷的人生，做生活的强者。

敏和姗相识于两年半前，她们进入同一家公司，成了同事，当时敏还在上学，她比姗小两岁，她要一边工作，一边学习，非常辛苦。

敏虽然年纪小，却少年老成，讲话、做事条理清楚，滴水不漏。每天中午，敏和姗都会去公司后面的大草坪里散步，两人成了好朋友。

有一天，敏无意间和姗聊起了自己以前的事情。

敏是越南人，她曾经有个美好的家庭，父亲在越南做小生意，母亲是家庭妇女，一家其乐融融。可是有一天，她的爷爷在酒后不知道为什么和她的父亲起了争执，暴怒的爷爷在失去理智的情况下拿起枪，一枪打中了她父亲。结果，父亲死了，爷爷被抓去坐牢。对敏和她妈妈来说，这无异于世界末日。

家里失去了经济支柱，敏的妈妈就把家里值钱的东西都卖了，凑了些钱，带着敏离开了越南，去了澳洲。本来她们想在澳洲谋生，可惜事情并不如想象的那么顺利。到了澳洲领海之后，澳州政府以种种理由拒绝他们上岸，最后几经波折，一个澳籍男人将她们带到了中国，随之那个男人就成了敏的继父。但是，那个男人是个酒鬼，每天喝酒，有时候还打人，她妈妈受不了这样的生活，最终提出了离婚。

于是，她们又流落街头。由于没有什么特殊的技能，敏的母亲就去果园里帮别人摘葡萄、樱桃为生，虽然那时日子很辛苦，但经过努力，她们也攒下了一些钱。

敏真正上学是从10岁开始的，那时候她很自卑，因为学校的孩子都比她小，她不但年纪最大，还不懂当地语言，因此常常被人嘲笑。但她很懂事，她知道妈妈抚养自己不容易，所以从来没抱怨过什么。

经历了那么多磨难，敏很珍惜自己的学习机会，她学得很认真、很刻苦。而且上学期间她一有空就出去打工，学会了怎样和不同的人相处。

凭着自己的积极努力，敏终于进了大学，虽然不是非常好的学校，但能考上大学已经让敏很高兴了。上大四的时候，敏凭着在邮局实习时的良好表现，在毕业之前就找到了一份文员的工作，而且工作十分勤奋。

姗听了敏的经历很感动。

一年后，敏跳槽到另一家公司做助理会计。当时姗认为敏太草率，劝她留下来。然而，敏说："我不能停止自己的脚步。"

一年半之后，那家公司的会计走了，敏被提升为会计，在给姗的信里，敏掩饰不住兴奋的心情写道："我终于当上会计了。"

当所有可怕的事情都经历过之后，回头再看看就会发现，过去的种种都是让自己成长和成熟的考验。

和自己的心灵对话

周国平在他的《灵魂只能独行》中写道：“灵魂永远只能独行，即使两人相爱，他们的灵魂也无法同行……灵魂的行走，只有一个目标，就是寻找上帝。灵魂之所以只能独行，是因为每一个人只有自己寻找，才能找到他的上帝。”这个“上帝”指灵魂的归宿、灵魂的家园，或者指灵魂抵达归宿和家园的某种力量。

人生犹如自己握住的风筝，不管是高是低、是远是近，那根线终究握在自己的手里，别人是无法掌控这一切的。人的一生会经历很多事情，能够掌握人生方向的终究是自己，因此人生只能是独行。与自己的心灵对话，打造开阔而宁静的心灵空间。每个人内心深处都有一个这样的避风港，在人生的旅途中走得累了、烦了的时候，不妨走进自己营造的心灵小屋，安静下来，把琐碎的烦恼、生活的困惑暂时抛到九霄云外，静静地倾听自己心灵的声音。

简奈特·弗兰是新西兰著名的女作家，20世纪40~50年代，她在一个村落里长大。也许是村子里生活艰苦的缘故，那里的每个人都显得十分强悍而有生命力。只有简奈特与众人相反，她从小在家里就很怯懦，有时宁可被别人嘲笑也不肯轻易出门。父母很替她担心，并且觉得这孩子不正常。

简奈特从小听着各种关于自己的负面评价长大，也渐渐相信自己不正常了。在小学里，她看着同学们围在一起聊得热火朝天，也很想融入他们的圈子里，可就是不知道该怎么开口。

后来，简奈特被父母送去一个陌生的环境，和同龄孩子相比，她几乎还处于牙牙学语的阶段。于是，她显得更加不正常了，父母就送她去看医生，最初，医生诊断她患了忧郁症，也有诊断为自闭症的。为了帮她走出自闭，父母不得不一次又一次地给她转换学校，但始终没有太大改观，最后她只能住进了疗养院。入院伊始，父母每月都来探望她，后来渐渐懈怠了，慢慢地似乎就忘了她的存在。

无论是从家里到学校，还是后来进入社会，一直以来，简奈特始终游离于社会之外。她总是喜欢用一些奇怪的字眼来描述一些极其琐碎的情绪，父母和兄弟姐妹听不懂，同学也听不懂，大家都觉得她很奇怪，即使是她最崇拜的老师，也认定她是一个患有严重呓语与妄想症的孩子。

最终她不得不住进精神病院。精神病医院里有位医生发现，这个极端内向、交谈存在困难、有严重自闭倾向的女孩十分喜欢用笔来表达自己并和自己进行心灵沟通。于是这位医生要求她每天都动笔随意写写，在任何地方写下她想到的任何文字。尽管她总是把大段大段的文字堆积在一起，任何人阅读都要费些力气才能理解其中的意思，但是她的文笔却十分优美，整个文章都很富有诗意。

这位医生开始鼓励简奈特投稿。没有人会想到，那些总是被视为不知所云的文字，竟然在一流的文学杂志上刊出了，并获得了文学大奖。此后，英国的精神科医师才慎重地给她开了一张没有生病的诊断证明。那一年，她34岁。经过后来不断的努力，简奈特成了著名的文学家。

在现实生活中，听取和尊重别人的意见固然很重要，但无论何时我们都不要人云亦云，去做别人意见的傀儡，而是要经常和自己的心灵对话，问问自己，想要的究竟是什么。这样我们就不会在左右摇摆、不知所措中身心疲惫，最终失去可贵的机会。努力去做自己想成为的人，无论成败与否，我们都会获得一种成就感和自我归属感。

人生如茶，需要细细品味

在这个世界上，并不是只有看似完美无缺的事物才能被人们称道，一些有缺陷的事物，同样也会吸引人们的眼球，也会为人歌颂。

有一位挑水的农夫，他常将两只水桶分别吊在扁担的两头，其中一只水桶有裂缝，另一只完好无损。每次，完好无损的水桶总是能将满满一桶水从溪边送到主人家中，但是有裂缝的水桶到达主人家时，却总是只剩下半桶水。

两年来，挑水的农夫就这样每天挑一桶半水到主人家。破水桶饱尝了失败的苦楚后，终于忍不住了，它在小溪旁对挑水的农夫说："我很惭愧，必须向你道歉。过去两年，因为水从我这边一路地漏，我只能送半桶水到主人家。我的缺陷使你做了全部的工作，却只收到一半的成果。"

挑水的农夫笑了笑说："今天在我们回主人家的路上，你可以留意路旁盛开的花朵。"

果真，他们走在山坡上时，破水桶眼前一亮，它看到缤纷的花朵开满路的一旁，沐浴在温暖的阳光之下，这景象使它开心许多。但是，走到小路的尽头，它又难过了，因为一半的水又在路上漏掉了，破水桶再次向挑水的农夫道歉。

挑水的农夫说："你有没有注意到小路两旁，只有你的那一边有花，好水桶的那一边却没有花呢？我明白你有缺陷，因此我善加利用，在你那边的路旁撒了花种，每次我从溪边回来，你就替我浇了一路花。两年来，这些美丽的花朵装饰了主人的餐桌。如果你不是残缺的，主人桌上也就没有这么好看的花朵了！"

莲花虽然生长在淤泥里，但正因为这种环境才会有"出淤泥而不染"的赞美；昙花的绽放是美的，但它开花的时间很短，只能“昙花一现”，也正因为如此，它才得到很多人的珍惜，甚至为了看它绽放时那美丽的一刻，一整晚都在等待；霍金得了不治之症全身瘫痪，只剩两根手指可以动，就因为这个缺陷，使他更加努力学习，钻研科学，从而研究出了黑洞的奥秘，为人类带来了宝贵的财富。这就是用缺陷碰撞出美的火花，如果不是这些缺陷，或许就不会有后来的奇迹发生。因此，不要把缺陷看成是自己的负担，把它看成美的东西又何尝不是一件快乐的事呢?

有一位女士，凡事都要求自己做到最好，但常常因无法如愿而自责，以至于对自己的日常工作都缺乏信心，并因此感到惶恐不安，于是她向朋友大倒苦水。

朋友问她：“你知道著名的维纳斯雕像吗？”

她说：“当然知道。”

朋友又问：“你知道她除了美，还有一个明显的缺陷是什么吗？”

她想了一想，说：“她的手臂是断的。”

朋友说：“那你想象一下，如果我们帮她接上两只手臂，会不会显得更美呢？”

她怔了一下，说：“如果那样的话，她就不叫维纳斯了。”

朋友说：“同样的道理，凡事不可能都做到尽善尽美，既然维纳斯的残缺也是一种美，那么你为什么一直为那些工作中存在的小缺陷而焦虑不安呢？其实，正是由于那些缺陷的存在，才能使我们更加努力地工作，避免失误，争取做得更好。正是因为这个世界上有缺陷的存在，才使得人类为了追求完美而一天天进步。”

朋友顿了一下，又说：“我们是应该不断地完善自己，因为追求完美并不是过错，但永远都不应该超出自己的能力而苛求完美，那样的话你就会生活得不如意。”

听了朋友的话，这位女士从此不再强迫自己追求完美了，她的生活也因此变得充实而快乐。

如同世上没有十全十美的事物一样，缺陷无处不在地伴随着我们的人

生。然而，缺陷有时不但可以获得更多人的同情和赞美，而且能表达出完美所不能代替的特殊内涵。因此，我们可以理直气壮地对世人说：有时缺陷不但不是一种错误，反而是一种优势和美丽。

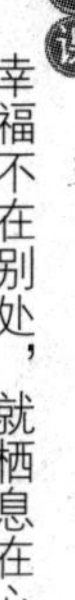

荣誉的桂冠都是荆棘编成的

“万事如意”和“心想事成”常常被人们用来祝福他人，却从来没有人用挫折给他人以鼓励。其实，挫折才是人生必不可少的，它就像是在海上的航船一样，只有经历过风雨艰险，才能更好地航行。人生只有经历了挫折，才会更加丰富和富有魅力，前进的步伐才会更加稳健。

挫折对天才来说是一块垫脚石，对蠢材来说是一块绊脚石；对弱者而言是一个万丈深渊，对强者而言则是指路的明灯。有人选择与挫折共进，有人选择让挫折先行；有人选择笑对挫折，有人选择畏惧挫折；有人在挫折里耀眼生辉，有人在挫折里黯然无神。挫折是人生的必修课，只有经历过才能完善自己。如果有人选择退缩，那么一定会被挫折吞噬。

一个书生在翻越一座山时，遭遇了一个拦路抢劫的山匪。书生看见山匪立即掉头逃跑，但山匪穷追不舍，在走投无路时，书生钻进了一个山洞里，山匪也追进了山洞。在洞的深处，书生未能逃过山匪的追赶，黑暗中，他被山匪逮住了，遭到一顿毒打，身上的所有钱财包括一个准备为夜间照明用的火把都被山匪抢去了，幸好山匪并没有要他的命。

之后，两个人各自寻找洞的出口，山洞又深又黑，且洞中有洞，纵横交错。山匪把从书生那儿抢来的火把点燃，他能看清脚下的石块，能看清周围的石壁，因而他没有碰壁，没有被石块绊倒。但是，他走来走去，就是走不出这个洞，最终，他力竭而死。

书生失去了火把，没有了东西照明，只能在黑暗中摸索行走，他不时碰壁，不时被石块绊倒，摔得鼻青脸肿。但是，因为他置身于一片黑暗之中，所以他的眼睛能够敏锐地感受到洞里透进来的微弱动光，他迎着这缕微光摸索着爬行，最终逃离了山洞，活了下来。

世间大多数人都是这样，许多身处黑暗的人，虽然磕磕绊绊，但最终能摆脱挫折走向成功；而另一些人往往会被眼前的光明迷失了前进的方向，失去了前进的目标。挫折是一把双刃剑，一方面能割破了你的心，可另一方面又掘出了新的力量之源，就看遇到的人怎么对待了。

曼德拉在成为南非总统以前，曾遭遇到一个巨大的挫折——被关在监狱里三十多年。出狱竞选总统成功后，他并没有怪罪当年关押他的那些人，他反而说："谢谢你们，因为在这30多年里，我急躁的脾气没有了，性格变得更加坚毅。"挫折给了曼德拉成功的机会，在竞选成功的时候，别人问他如何看待那次挫折，他说："我不怕挫折，我只怕配不上那高贵的挫折。"曼德拉感谢挫折，感谢这些高贵的挫折让他有了成功的机会。

像曼德拉一样战胜挫折的人有很多，司马迁遇到了挫折，没有垂头丧气，而是奋发向上，谱写了历史；格林尼亚遇到挫折，没有甘于困苦，而是刻苦研读，挫折推动了他的成功；松下幸之助遇见挫折，没有放弃，而是不懈地努力，挫折给了他成功的机遇。挫折如雾一般缠绕在人生的山峰上，非但不会将山峰隐藏，反倒增添了几分神秘的色彩。只有拨开头顶的云雾，才能看见美丽的彩虹。

面对困难是选择逃避还是放弃或者坚持，这些都能反映一个人的人生态度。面对困难的态度，往往决定了一个人成功与否。珍惜眼前的困难，它会使你坚强。

挫折是茧，破茧而出的是美丽的蝴蝶；挫折是风雨，风雨过后是灿烂的彩虹；挫折是冰雪，冰雪融后是梅花飘香。托尔斯泰曾经说过："环境，越艰难困苦，就越需要坚定的毅力和信心，而且，懈怠的害处就越大。"挫折也是一种美，但这种美只有少数人才能感知它的色彩。挫折对弱者来说只能是一块绊脚石，弱者只知道在再次遇到它时绕过去，却不知应该从脚下把它踩过去。有人曾经说过：世界荣誉的桂冠，都是由荆棘编成的。

荷兰的拍卖市场上有一艘船，这艘船从1894年下水以后，在大西洋上曾遭遇冰山138次，触礁116次，起火13次，被风暴扭断桅杆207次，然而它从没有沉没过。

劳埃德保险公司考虑到它不可思议的经历及在保费方面带来的可观收益，最后决定把它从荷兰买回来捐给国家。现在，这艘船就停泊在英国萨伦港的英国国家船舶博物馆里。

这艘船得以名扬天下是因为一名律师。当时，这名律师刚打输了一场官司，委托人也于不久前自杀了。这不是他的第一次失败辩护，也不是他遇到的第一例自杀事件，然而，每当遇到这样的事情，他总有一种负罪感。他不知该怎样安慰这些在生意场上遭受了不幸的人。当他在萨伦船舶博物馆里看到这艘船时，忽然有了一种想法，为什么不让那些遭遇不幸的人来参观这艘船呢？于是，他就把这艘船的历史和船的照片一起挂在他的律师事务所里，每当商界的委托人请他辩护，无论输赢，他都建议他们去看看这艘船。他想让人们明白：在大海上航行的船是没有不带伤的。

人生如一杯浓郁的咖啡，挫折就如浸泡咖啡的沸水。人生如一颗颗珍珠，挫折就如打磨珍珠的蚌。人生如一朵朵坚韧的梅花，挫折就如那冰冷的风雪。挫折因其对人的锻炼而闪亮，也因其产生的动力而发光。“宝剑锋从磨砺出，梅花香自苦寒来。”只有借助挫折的翅膀转化成自强的动力，才能飞向成功的顶峰。

拥有现在的人最富有

幸福不在昨天，也不在明天，而是在当下。我们现在正在做的就是最重要的事，现在的快乐也是最大的快乐。

曾经有一个人问凡·高："你认为自己的画作哪一张是最好的？"

凡·高说："就是我现在画的这一张！"

几天之后，那个人又来问凡·高同样的问题。凡·高说："我已经告诉过你，就是我现在正在画的这一张！"

虽然凡·高当时正在画的是另一张，但对他而言，对一个活在当下的人来说，他的回答毫无疑问都会是："我现在正在画的这一张就是最好的。"

同样的故事在著名的指挥家托斯卡尼尼身上也发生过。

托斯卡尼尼是举世闻名的指挥家，他的人生阅历非常丰富，他到过许多地方，指挥过无数个乐团，也见过无数达官贵人。在他80岁时，儿子有一天好奇地问他："爸爸，在您的一生中一定有过很多重大的事，您觉得您做过的最重要的事情是什么？"

托斯卡尼尼回答说："我现在正在做的事就是我一生中最重大的事，不管是在指挥一个交响乐团，还是在剥一个橘子。"

托斯卡尼尼说着，把一瓣橘子放进嘴里，慢慢品尝，就好像其中有世界上最美妙的滋味。

托斯卡尼尼认为，自己正在做的事就是生命中最重要的事，即使只是在剥一个橘子。他既不终日缅怀过去，也不过分期待或者担忧未来，只是习惯性地专注于此刻，所以他能够充分体会到一瓣橘子的美妙滋味。

我们常常会有这样的经验：如果做某一件事时我们没有专注，事后总会在头脑里跳出来一个声音在默默地指责自己："也许，刚才应该更认真地对待才对！"只不过，刚才已经离开，永远不再回来。当我们在为过去后悔的时候，就已经错过了当下，而未来就是由一个个当下组合而成的。

有位哲学家说过："假如在今天，我们只能取得1%的幸福，也不必奢望从明日获得99%的幸福。因为幸福是一点一滴积累而成的，没有这1%的注入，就不可能产生99%的结果。"著名作家屠格涅夫也说过："幸福不在明天，也不在昨天，它不怀念过去，也不向往未来，它只在现在。"

当下的幸福才是真实的幸福。为过去的不幸悲伤感叹或者沉浸在过去的荣耀中，就无法专注于眼前的事情；无限地憧憬明天，幸福永远也靠近不了我们，因为在我们一门心思地准备迎接将来某一天的到来时，往往就会忘记、忽视眼前的一切。

只有全心全意地投入在当下，把手边正在做的事情当做生命中最重要的事情，才能够真正地享受生命的过程，并体验到快乐和幸福。

| 愚人从远处寻找幸福，而智者让它从脚下生长。|

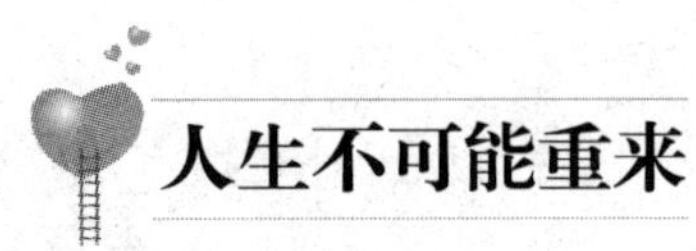

人生不可能重来

不为昨天的暗淡而忧伤，不为明天的危机而过分忧愁，只要我们把握好了现在，人生就拥有了无数的可能。

一个部落首领的儿子在父亲去世后承担起了领导部落的任务，但是,他整日花天酒地、游手好闲，部落的势力很快就衰退下来。在一次与仇家的战役中，他被仇家所在的部落擒获。仇家的首领决定第二天将他斩首，但是可以给他一天的时间自由活动，而活动的范围是在一片指定的草原上。

当他被放逐在茫茫的大草原上时，他感觉自己这个时候已经完全被世界抛弃了，地狱将很快成为他最终的归宿。他回忆起曾经锦衣玉食的日子，想起了自己部落里辛苦劳作的牧民，想起了那些英勇为部落效力的武士……他追悔莫及，坐在草地上痛哭起来。

他想，如果上天能够再给他一次重来的机会，就绝对不会是这样一个结果。痛哭一场后，他又想到之前的生命已经虚度，明天生命就会结束，但至少自己还拥有今天，虽然短暂，但是仍然可以做一些事情来弥补曾经的过失。

于是，他开始慢慢地行走在草原上，做自己力所能及的事情：他看见很多贫苦又可怜的牧民在烤火，就把自己头顶上的珍珠摘下来送给他们；他看见有一只山羊跑得太远以致迷失了方向，就帮助牧民把它追了回来；他看见有个孩子摔倒了，就主动把孩子扶起来并安慰孩子不要哭泣；最后，他还把自己一件珍贵的大衣送给了看守他的士兵……

他觉得这一天过得非常充实，他在全心全意做这些事情的时候忘记了对昨日的后悔，也忘记了即将来临的生命的终结。这天晚上，他躺在草原上，睡了一个最安稳的觉，他觉得自己还是善良的，因而可以比较安心地等待生命的结束了。

第二天，行刑的时候到了，他很轻松地步入刑场，闭上眼睛等待刽子手结束自己的生命。可是等了很久，刽子手的刀都没有落下，他觉得很奇怪。当他慢慢地把眼睛睁开的时候，看见仇家的首领正捧着一碗酒微笑地站在他面前。

那个首领说："兄弟，你昨天的所作所为让我很感动，也让我重新认识了你。我们两个部落的牧民本来可以和睦相处，却总是因为一些私利互相仇视、彼此杀戮，结果谁都没有过上太平的日子。今天，我要敬你一杯酒冰释前嫌，以后我们就是兄弟，如何?"

之后，他回到了部落，发誓要做一个优秀的部落首领，他再也没有纸醉金迷地生活了，而是勤政爱民。从此以后，这两个部落再也没有发生过战争，他们彼此融洽、和平地生活在草原上。

人生可以随时开始，即使只剩下24小时。一个人只要还能思考，还有坚定的信念，一切就都有希望。

因此，不管过去怎样暗淡，我们都不必为此悲伤或者自暴自弃；不管明天有什么不可预测的灾难或者厄运，我们都不必为此惶惶终日、患得患失，因为我们至少还拥有今天，而拥有今天、把握好现在的人是最富有的。

人生没有草稿，我们所认为的"草稿"，其实就已经是我们人生的答卷——无法更改亦无法重做。所以，我们只有好好地把握现在，认真地对待现在，才能无悔于人生。

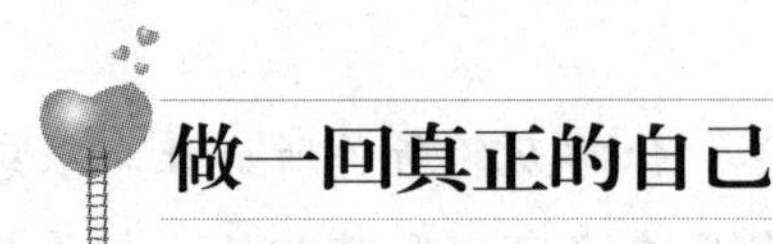

做一回真正的自己

A君在6岁以前，有一颗好奇的心，他总是闲不住，常在地上玩积木、捉蚂蚁。有时候A君待不住，要跑到外面去抓鸟雀、钓鱼摸虾，和一帮小伙伴玩“捉迷藏”，在傍晚躺在田埂的草地上看晚霞、听蟋蟀叫……那时候，A君是无拘无束的，同时也是无比快乐的。

上了小学，束缚多了，老师会嫌A君玩“捉迷藏”时太疯、太淘气、没有涵养；妈妈会在A君玩过家家时叫他回去赶作业……上了中学，同学们笑话A君留的娃娃头没有个性；老师质疑A君是否有多动症，说他没有学生样儿……A君很苦恼，就朝着父母和他人希望的样子努力，而他也在与周围环境的磨合中渐渐地改变了。

上高中时，在老师的称赞下，A君始终谦逊而压抑地保持着微笑。如果是批评，虽然心里不服气，但是A君懂得面色凝重和频频点头。在看似平淡的表情下，A君却有着无穷的压抑，面对升学这一“最终审判”，A君不得不将多年用笔抒发真实自我的习惯丢弃了，同时放弃了那些可能使自己成为凡·高、贝多芬、爱因斯坦的兴趣，他只能为了学习而学习，为了刻苦而刻苦。

终于，A君上了大学，也脱离了父母的藩篱，A君长长地舒了一口气，认为这下可以自由了，可以做自己喜欢的事了，但真正走进象牙塔才发现，那里并不是所想象的那样简单，他还是摆脱不了应试教育的阴影。

突然有一天，A君觉得自己简直一无是处，这时候他开始后悔中学时代牺牲掉的那些特长，但是A君如果不放弃那些，可能也就考不上重点大学了。在全面发展成为全面平庸以后，A君开始困惑、郁闷、迷惘……

在日趋躁动、虚浮的都市里，人们被周围某些“理念、目标”笼罩着，A君的心灵始终处于矛盾的旋涡之中。就这样迷茫地到了大学毕业，A君突然开始质疑那些看似充实的奋斗。

不得已被推进社会的洪流，A君走上了工作岗位。他开始发觉无论怎样精打细算，钱总是不够用。A君学着别人那样打麻将、喝酒、抽烟，为的就是讨好自己的上司，结果因为一次失误，他失去了发展的机会。

父母希望A君步步高升为家族争光，亲朋对A君寄予了厚望，指望有一日能够沾光，但他们哪里知道A君的艰难和苦楚？为了父母和亲朋，尽管从来就没有喜欢过自己的工作，A君依然卖力，常常拿古人的“天将降大任于斯人也……”来激励自己残存的一点儿激情。在别人羡慕的岗位上，A君一点一点地燃烧着自己的青春，眼看它渐渐地化为灰烬。

后来A君结婚了，他孤寂已久，渴望有个人能够走进自己的心灵深处。虽然结婚后发现，这个世界好像并没有千古不变的爱情，孤寂的心灵也并没有被打开，但是生活很快就被随后的柴米油盐、老婆的絮叨、孩子的呱呱落地充斥了，他也没有时间孤寂了。

人们开始发现A君变得懦弱且没有上进心，他习惯了把往外爬的孩子抱回来，在阳台上晒太阳耗费大把的时光。他发现日子还过得下去，他把全部的希望都寄托在孩子身上，希望孩子能成大器。随着孩子的日渐成长，A君在单位里的地位也开始以缓慢的速度提高，单位分给了他理想的房子，A君用积蓄多年的存款再加上贷款买了车。他想，车和房子都有了，这一生总算有所收获。

有一天孩子大了，A君也老了，退了休清闲下来，想拿些青春的东西摆弄摆弄，可刚穿件鲜艳点儿的衣服，就被人说是“老不正经”了。A君凭着以往的惯性，只能依照他人希望的角色在人生的舞台上演下去，他似乎也懒得作出任何改变，甚至惧怕变化。

前些日子老伴去世了，孩子越来越忙。在孤单中，A君开始回忆自己的一生，除了儿时的一些自在、快乐外，回忆中更多的是为了父母、为了亲朋、为了领导、为了老婆和孩子所受的委屈、伤心，好像自己一生创造的幸福和快乐都是别人的。想来想去，最后，A君问了自己一个问题：“什么时候，能够做一回真正的自己？”

是不是你的身边有很多人就这样度过了一生，忙碌了一辈子却发现唯独丢失了自己，为了身边的人，牺牲了自己的全部人生？相信有很多像A君这样的人，当回顾自己的一生时，他们的心灵会孤寂地哭泣，为了自己虚度的光阴，只能悲惨地问自己一声：“什么时候能做一回真正的自己？”

得失之间自有新的得失

人的一生中会遇到很多选择，不管是得失，还是取舍，它们之间都有很多矛盾。如果一个人只想取不想舍，或者只想得不想失，那么一切都只是梦幻。在现实生活里，这种情况是不可能存在的。当面对取舍和得失的时候，坚定自己的目标，当取则取，当舍则舍，该得到的心安理得地得，该失去的也坦然面对，这是一种认识、一种能力，更是一种境界。

有句古话说："鱼与熊掌不可兼得"。在人生的路上，得亦是失，失亦是得，得中有失，失中有得，在得失之间，无须不停地徘徊，更不必苦苦挣扎，应该用一颗平常心去看待生活中的得与失，不以物喜，不以己悲。

有一个阿拉伯人，在年轻的时候凭借自己的双手辛苦致富，很快成为当地赫赫有名的富翁。可是在一次大生意中，他因为对时局观察不清楚，导致亏光了所有的钱而且欠下了巨额的债务。万般无奈之下，他卖掉房子、汽车，还清债务，可就在这时，妻子嫌弃他贫穷，带着孩子离开了他。

此刻，他孤独一人，没有亲人，生活穷困潦倒，身边只有一只心爱的猎狗和一本书伴随他左右。一个大雪纷飞的夜晚，饥寒交迫的他来到一座荒僻的村庄，想找到一个可以避风的地方，哪怕只是一间破旧的茅棚，他也会很满足。走进村庄，他看到不远处有间茅草屋。他走了进去，看见里面有一盏油灯，没有点着，叫了几声没有人回应，他想可能主人出去了，先借住一晚再说。于是，他用身上仅存的一根火柴点燃了油灯，拿出书来准备读书。一阵风把灯吹熄了，四周立刻漆黑一片。他陷入了黑暗之中，曾经的所有经历涌上心头，顿时对人生感到前所未有的绝望，甚至想结束自己的生命。但是，他忽然看到依偎在身边的猎狗，它是那么的衷心，想到这儿，他感到一丝慰藉，无奈地叹了一口气沉沉地睡去。

第二天早上醒来，他忽然发现自己身边的狗被人杀死在门外。看着心爱的狗死去，他内心的酸楚涌上心头，他突然决定结束自己的生命，因为这世间再也没有什么值得他留恋了。他最后看了一眼周围的一切。这时，他突然发现整个村庄都沉寂在一片可怕的寂静之中。他急步向前，一路走过去，看到的是一片狼藉，满地的尸体。这些迹象表明，这个村庄昨夜似乎遭到了匪徒的洗劫，而且村里没有一个人活下来。

看到这可怕的场面，他心里没有了结束生命的念头。他想：我是这里唯一幸存的人，看来这一切都是注定的事情。我虽然破产了，没有了金钱，但是我还活着，所以我一定要坚强地活下去，我没有理由不珍惜自己。虽然失去了心爱的猎狗，但是，我得到了生命，这才是人生最宝贵的，有了这些我还有什么渴求的呢?

生命如舟，每个人都有自己的船，船上载着太多的诱惑和虚荣、功名和利禄，所以在生活中有太多的困惑和迷茫。要想自己有一个顺利的旅行，必须有所准备，该舍的舍，该取的取，轻装上路。古人云：“祸兮福之所倚，福兮祸之所伏。”今天得到了，明天也可能失去，所以对待生活就像对待人生一样，用一颗平常心去面对就可以了。

小说《庞城末日》里有这样一个情节：

意大利庞培古城里有位名叫倪娣雅的卖花女。她自幼双目失明，但她不自怨自艾，也没有垂头丧气地把自己关在家里，而是像平常人一样靠自己的劳动自食其力。

不久，庞培城附近的维苏威大火山爆发，庞培城发生了一次大地震，整座城市笼罩在浓烟和尘埃中，昏暗如无星的午夜，漆黑一片。惊慌失措的居民跌来碰去寻找出路，却无法找到。倪娣雅本来看不见，但由于这些年走街串巷地在城里卖花，她的不幸这时反而成了幸运，她靠着自己的触觉和听觉找到了生路，而且救了许多人。因为她不用眼睛看就能如常人一样行走，因此她的残疾反而成了她的财富。

命运很公平，在对倪娣雅关闭一扇门的同时，又为她打开了一扇窗。世上的任何事都是多面的，人们看到的只是其中的一个侧面，这个侧面或许让人痛苦，但痛苦往往可以转化。有一个成语叫做“蚌病成珠”，这是对生活最贴切的比喻。蚌因身体中嵌入了沙子，伤口的刺激使它不断地分泌物质来疗伤，等到伤口愈合后，旧伤处就出现一颗晶莹的珍珠。因此，每粒珍珠都是由痛苦孕育而成的，任何不幸、失败与损失，都有可能成为我们有利的因素。

一艘船在海上遭遇风浪的袭击，不久船就沉了。只有一位幸存者被风浪冲到了一座荒岛上，每天，他都翘首以盼，希望能够看见过往的船只，然后把他救出去。然而，他等了一天又一天，还是没有船来。

眼看没有船只过来的希望了，为了活下去，他就辛苦地弄来了一些树木的枝叶给自己搭建了一个“家”。每天，他都默默地祈祷着有过往的船只经过。偶然的一天，不幸的事情发生了。他外出去寻找食物，一场大火顷刻间使他的“家”化为了灰烬，他眼睁睁地看着滚滚浓烟消散在空中，悲痛交加的他眼中充满了绝望。

第二天一大早，当他还在痛苦中煎熬时，风浪拍打船体的声音惊醒了他，远处一只大船正向他驶来。他得救了。上船后他惊讶地问船上的人：“你们是怎么知道我在这里的？”船上的人回答：“因为我们看见了你燃放的烟火信号，所以我们就连夜向这边赶过来了。”

人的一生总在得失之间，人生在失去的同时也往往会另有所得。只要认清了这一点，就不至于因为失去而后悔、因为得到而窃喜，就能生活得更快乐。人生在世，重要的不是得与失，而是你曾经为得到付出了多少努力，无论你得到了还是失去了，只要你是快乐的、幸福的，你的人生就是有意义的，也是最富有的。

| 当一个人乐于接受自我时，便会享受极致的幸福。|

时常给心灵放个假

晓琳从小在城市里长大，目前是一家外企的白领，她对大自然有一种抵触的情绪，有时候甚至厌恶乡村。每次到野外游玩，朋友们“悠然见南山”，晓琳则只想尽快回到城市中，找一个酒吧，悠然地听着现代音乐、品洋酒。

一个周末，她被男朋友拉去和伙伴们爬山，却经历了一次奇遇。他们去爬五云山，才走到一半，晓琳已经走不动了。两旁树林茂密，但晓琳上气不接下气，根本无心欣赏。

此时，晓琳突然看到窄小的山路上坐着一位70多岁的老婆婆，抬头挺胸，直视前方，丝毫不理会周围这些游客。走近了才发现，她是卖橘子的，脚下摆着两个大篮子，里面的橘子又小又难看。

男朋友买了一些橘子，大伙一边吃一边跟老婆婆聊天。老婆婆用本地话说，她在这条山路上卖了一辈子的橘子，早在政府把山划为公园之前，她就和老伴在山上种橘子，采了就在山上卖，从不带到山下去。他们家的橘子从来不用人工肥料或农药，百分百的天然。

晓琳有些吃惊地说：“那这是有机橘子喽！”晓琳摸着又小又脏的橘子（表面还坑坑洼洼的），实在勾不起食欲。

看着大家都在吃橘子，晓琳不好意思，只好开始剥皮。晓琳剥下皮，想找垃圾桶，只见老婆婆对她挥挥手，指向树林的泥土地，晓琳看到地上已经有许多果皮，显然是先前食客的“战绩”。“土里来土里去，这些橘子不需要任何文明的处理，腐烂后还能成为最好、最天然的肥料。”她的男朋友说。

当晓琳把其貌不扬的橘子送入口中后，却尝到了前所未有的甜味。老婆婆说：“橘子熟的季节快过了，从下礼拜开始我就不来了，明年见吧。”不知道为什么，甜甜的橘子下肚，突然感觉酸了起来。晓琳瞥了山下的城市一眼，突然领悟到自己在那里过的是极度人工、充满包装的生活。

晓琳突然想到也许还有许多与自己生活相似的人，他们的生活、工作、牵挂的情绪、奋斗的目标……每一项都叠床架屋，千回百转。他们每天在自己的小圈子里经营着自以为是最伟大的世界奇观，每时每刻都充满了纷争，表面上是为了追求某种崇高的目标和价值。这些城市里的“新新人类”穿着名牌的衣服且交往着有知识的男女朋友，甚至高雅地忧愁着。在城市里，晓琳觉得自己就像是明亮、干净的橱窗中穿着价格昂贵的衣服，没有情感、没有知觉的塑料模特。直到踏上回归自然的路程，晓琳才知道人生在享用某种东西前无须把它弄得一尘不染，只要将心灵回归自然就可以了。

你是否也久居城市，心灵被忙碌、生计、晋升、高薪充斥着，从来不曾体验自然中原汁原味的甘甜，也不曾在大自然中抛开一切，净化自己的心灵？现代人大部分都忙于衣食、享乐，很少沉湎于大自然的美景。当你走出城市，到自然中，就能让心灵被大自然的纯净感染，你会得到净化，也会完全融入自然中，享受这种回归自然的安宁。

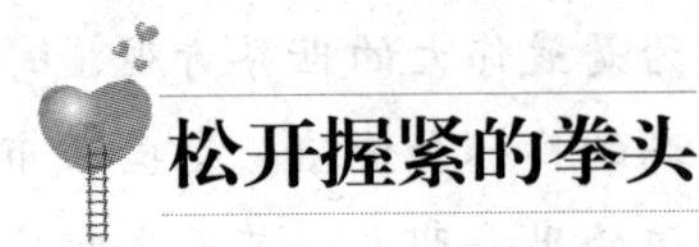

松开握紧的拳头

人生中最重要的是明白自己想要什么、需要什么，而不是赶时髦、追潮流、专注于形式和虚荣。

一位青年因为事业和家庭的琐事感到非常苦恼，他觉得自己整天被嫉妒、忧虑、浮躁所困扰。

朋友见这个青年沮丧的样子非常着急，于是告诉他到附近山上的一座禅院里找主持无智禅师帮忙开解一下，这对他也许会有帮助。

于是青年找到慈祥、超然的无智禅师，他一股脑儿地说出了自己的困惑和烦恼。无智禅师听后笑了，他伸出手，然后握成拳头，对青年说："你也像我一样做。"青年照着做了。

无智禅师说："你再试着握得紧一点儿。"于是，青年把拳头捏得越来越紧，几根手指头好像快要攥进手心里了。

无智禅师问："现在感觉怎么样？"青年茫然地摇了摇头。

无智禅师说："把拳头打开。"青年打开拳头，这时无智禅师拿起桌上的一颗野果和一些玻璃碎片放到青年手中，之后，无智禅师说："现在把手掌握紧。"青年把野果和碎玻璃握在手中。

过了一会儿，无智禅师说："握紧一点，再紧一点。"

青年感到了手掌传来的痛感，说："禅师，不能再紧了，我的手都要被划伤了。"

无智禅师听后突然大喝："那你还不马上把拳头松开！"

青年被无智禅师吓了一跳，他愣愣地打开手掌，这时他的手掌上已经有微红的硌痕了，再看碎玻璃，已经全部扎进野果里了。

无智禅师望着青年说："现在，你把碎玻璃取出来吧。"

“把碎玻璃取出来”这句话犹如醍醐灌顶，把青年浇醒了。这颗野果就好像自己的事业和生活，而这些碎玻璃就是生活中困扰着自己的一切负面情绪和压力。

无智禅师看着青年笑了笑说：“看来你现在已经有所开悟了。生活中的事就好像这颗野果和这堆碎玻璃，假如你什么都不取，只会空握着拳头，即使你力气再大，也终将一无所获，这叫徒劳无功；野果就好像你生活中一切美好的事物，而碎玻璃代表的是困扰你的苦恼，我们在生活中难免会遇到恼人的事，只是我们也要记得及时把野果中的碎玻璃取出来扔掉。”

看着取出来的碎玻璃和野果，听了无智禅师的一席话，这个青年豁然开朗。

在生活中，总会有这样或那样的一些负面情绪影响着我们，假如我们只知道积累而不懂得释放这些负面情绪，就总有一天会被它压垮。在适当的时候，给自己的心灵放个假，抛开那些让我们受伤害的碎片，这样我们才能活得轻松。

张先生是一家著名外企的部门经理。他的业务能力很强，再难的事情到了他手里，似乎不费多大劲儿就能解决。上司很器重他，他的薪水是全公司同样职位的人里最高的。下属们都很尊敬他，其他部门的经理对他也很敬佩。而且，他还有一个令人羡慕的家庭，他的妻子贤惠又漂亮，不久前刚为他生了个儿子。

可是，在外人眼中如此幸福的张先生居然得了抑郁症，最后到了不得不辞职休息的地步。他的朋友听到这个消息后都大惑不解，一个工作如意、家庭幸福的人怎么会得抑郁症呢？

原来，张先生对自己要求太苛刻了，他常常因为自己无法做到如他预想的那么完美而烦恼不已。不仅如此，他还把对自己的苛刻慢慢地转嫁到了员工身上。每当工作进行得不顺利时，他就抱怨下属素质不高，不能尽职尽责。他的内心总是被遗憾困扰，他经常骂自己也骂别人：“为什么不能够做得更好一点儿？”他的下属觉得压力很大，他自己也时时承受着不能达到预期目标的痛苦，而且他又不善于倾诉，时间久了，就患了抑郁症。

生活中这样的人似乎并不少见，多少过于苛求自己和别人的人其实不过是因为把自己逼得太苦才导致身心不健康的。过于苛求自己的人，通常感到自己的压力更大、更焦虑、身心更易疲惫，长期被这种情绪控制，就很容易走入极端。

其实，不必给自己施压，每个人或多或少都有缺陷，一切都不会如我们想象的那样完美，也都不会像我们事先策划的那样顺利。所以，不要一味地跟自己过不去，放松一点，才能让我们从困境中解脱出来。这既是对自己的爱护，也是对人生的珍惜。

第二课

别沉溺于过去的风景

最被浪费的一天是没有笑声的一天，沉迷于过去的忧伤、失落或者不幸之中，就是对当下宝贵生命的浪费。走出过去的阴霾，打开心窗，就能领略到活在当下的幸福。

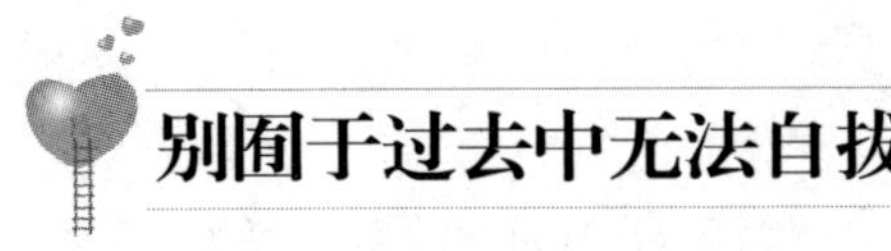

别囿于过去中无法自拔

漫漫人生路，坎坷在所难免，我们也许会遭遇多次失败，但这不该影响我们对未来成功的希望，过去不等于未来。

1920年，在美国田纳西州的一个小镇上，有一个女婴诞生了，妈妈给她起名叫芳娜。芳娜懂事后，慢慢觉察出身边的人对她有明显的歧视，小朋友们也不愿意跟她一起玩耍。从人们异样的眼光中，芳娜知道了自己是一个私生子。这虽然不是她的错，但这个世界的世俗观念是严酷的。虽然说生活中每个人都会面临很多种选择，但人是不能选择自己的父母的。她不知道自己的爸爸是谁，只能跟妈妈一起生活。

芳娜上学后，又引来了老师和同学们冰冷和鄙视的目光：她是一个不知道父亲是谁的孩子，是一个没有教养的孩子，是一个破坏家庭的孽种。她总感觉背后有人在指手画脚，说她是一个私生子，根本没有家教。芳娜由此变得越来越怯弱，完全封闭了自我，开始逃避现实，不愿意与人接触。

芳娜最害怕的事，就是跟妈妈一起到镇上的集市。她总能感到人们在背后指指戳戳，窃窃私语："就是她，那个没有父亲，没有教养的孩子！"在芳娜13岁那年，镇上新来了一位牧师，使芳娜的生活稍稍有了改变。她多么期待自己能够像其他孩子一样每逢星期天跟着父母一起，手牵手走进教堂。她也曾经独自远远地躲在教堂的外面，去偷看教堂门口进进出出的兴高采烈的镇上的人们。她只能听见教堂里的声音，看着人们洋溢的表情，自己想象着教堂是个什么样子，教堂里的人们又做着什么神圣的事情。

终于有一天，芳娜鼓起了勇气，等到人们都差不多进入教堂以后，她偷偷地溜了进去，然后躲在后排倾听。这时牧师正在讲："过去不等于未来。过去你是成功的，但是这并不能代表将来你一定还能成功；过去失败了，也不代表着未来还要失败。因为过去的成功或者失败只是代表着你过去的成绩，而未来的成功与否却是由现在决定的。现在你在干什么、你选择了什么、你行动了什么，就决定了你的未来是什么……成功和失败都不是人生的最终结果，它只是人生过程中的一个事件。因此，在这个世界上，没有永远成功之人，也没有永远失败之人。”

芳娜被这慷慨激昂之词深深地震动着，一股从未有过的热流充斥着她寂寞和尘封已久的心灵。但是，转瞬之间，她意识到自己得马上离开，趁人们没有发现她之前必须离开。

芳娜经不住这样的诱惑，于是又有了第二次、第三次……但是每次从教堂偷偷出来的时候，自卑、怯弱又重新回到了她冷漠的心灵。她确实和常人是很不一样的。

但是尽管这样，芳娜还是每次都要去偷听。终于有一次，由于听得太入迷而忘了时间，是教堂的钟声使她回到了现实世界。就在她想要偷偷溜走的时候，一只温暖的手搭在了芳娜的肩膀上，惊慌失措的芳娜顺着手臂望过去，原来是牧师，那个她崇拜已久的心中偶像。

牧师温和地问道：“这是谁家的孩子呢？”

这句话就像针一样，瞬间刺痛了芳娜幼小的心。

教堂里的人也都停止了脚步，变得寂静无比，人们表现出惊愕的样子围观着芳娜。芳娜完全惊呆了，茫然不知所措，眼里充满泪水，呆站在那里。

这时，脸上浮起慈祥笑容的牧师缓缓地说：“噢——我知道你是谁家的孩子了，你是神的孩子。”

随后，慈祥的牧师如父亲一般抚摸着芳娜的头说：“所有到这里的人都是神的孩子。过去不等于未来，无论现在你是多么的不幸，这都已经不重要了，重要的是你对未来必须充满希望，必须对未来作出决定，做你想做的事……只要对未来充满希望，你就会拥有强大无比的力量。不论你在过去做过什么，那都已经是过去的事了。现在最重要的是调整心态、肯定目标、积极行动，这样成功就一定属于你。”

牧师说完话，教堂里顿时响起了经久不息的掌声。

芳娜在掌声中终于抬起了头，冰封已久的心灵开始慢慢地融化……

从此以后，芳娜的命运彻底改变了。过去一直生活在封闭、自卑的阴影下的芳娜，在牧师的鼓励下终于从过去走了出来，开始有了阳光般的生活。

在40岁那年，芳娜荣任田纳西州州长。之后，她弃政从商，成为世界上最大的企业的总裁，成了一个名副其实的成功人物。在67岁时，她出版了自己的回忆录《攀越巅峰》，在书的扉页上，她写下了这样一句话：“过去不等于未来！”

诗人雪莱曾说过：“过去不等于未来，趁现在还属于自己，紧紧抓住吧！”对于已经成为过去式的不开心，我们除了叹息或悔恨外，根本无力去改变什么，可是对未来而言，谁能肯定它就一定会比我们的过去更糟糕，谁能肯定它就一定是我们失败经历的延续？

人的一生是在不断超越自我中前进的，不管一个人的过去是怎样的不堪回首或者多么风光无限，都会随着时间的流逝成为历史，而明天却是一段崭新的旅途。假如我们就因为在过去的旅途中摔倒过，就永远背着沉重的包袱过日子，那么我们就会在痛苦和悔恨中失去现在和未来；假如我们选择爬起来继续前进，那么我们就会有风光旖旎的旅途。

过去的事情只能属于过去，未来却要靠现在的努力，过去成功了，不代表未来还会成功；过去失败了，也不代表未来就要失败。成功和失败都不是结果，它不过是人生旅途中的一件事。我们过的每一天都是新的，只要我们今天的笑容比昨天多一些，每天行动比昨天多一些，每天的效率比昨天高一些，用不了多久，我们的明天和昨天就会有天壤之别。

别为打翻的牛奶哭泣

其实，每天发生在我们身边的很多事，都是因为无法放下自己手中的“东西”所导致的：有的人不能放下金钱，有的人不能放下名利，有的人不能放下过去。

昨天、今天和明天涵盖了我们的一生，可是我们拥有的却只有今天，因为昨天已经过去，明天还未到来，如果为这两者伤神，只会让今天过得不愉快。假如我们做好了“放下”的学问，就能轻松摆脱种种困扰，体会到如释重负的感觉；只有懂得放下，我们才能掌握命运和自我。人生之路始于放下。

寺庙里有个新来的小和尚，对什么都充满了好奇心。秋天到了，禅院里红叶飞舞，小和尚跑去问师父：“师父，红叶这么美丽，枫树为什么要放弃它们呢？”

师父微微一笑：“因为冬天要来了，树撑不住那么多叶子，只好舍去。这不是‘放弃’，是‘放下’。”

冬天来了，小和尚看到师兄们把院子里的水缸倒扣在地面上。他又跑去问师父：“师父，好好的水为什么要倒掉呢？”

师父笑笑：“因为冬天冷，水冻结后膨胀，会把水缸撑破，所以要倒干净。这不是‘真空’，是‘放空’。”

下雪了，大雪纷飞，下了厚厚的一层，积压在几棵盆栽的龙柏上。师父吩咐徒弟们合力把盆搬倒，让龙柏躺倒在地上。小和尚又不解了，他着急地询问：“龙柏好好的，为什么要弄倒？”

师父教训道：“谁说好好的？你没看到积雪把龙柏的枝叶都压弯了吗？再压就要断了。这不是‘放倒’，是‘放平’。为了保护它，先让它在地上休息休息，等雪停了以后再扶它起来。”

由于天寒地冻，寺庙里的香火清淡。连小和尚都紧张起来，他跑去请教师父怎么办。“少你吃，少你穿了吗？”师父瞪了一眼小和尚，“数一数，柜子里还挂了多少衣服？柴房里还堆积了多少柴？仓房里还有多少土豆？别想没有的，想想还有的；苦日子总会过去的，春天总会来的。你要‘放心’，而不是‘不用心’，把心安顿好。”

春天很快来了，大概是这个冬天的雪水特别多的缘故，春花烂漫更胜往年。前殿的香火也渐渐恢复了往日的盛况。这时师父却要出远门了，小和尚追赶到山门前问道：“师父，您走了我们怎么办？”

师父笑着对他挥挥手说：“你们能够放下、放空、放平、放心，我还有什么不能放手的呢？”

世上没有永恒的胜利者，也没有永恒的失败者，胜利与失败在特定的条件下是可以相互转化的。无数的过去组成了整个人类的历史，昨天精彩也好、痛苦也罢，昨天是受到了挫折还是取得了辉煌，那都只能是过去的事，不能代表今天，也不能代表明天。我们何必要为昨天的事情耿耿于怀，不肯放下呢？

卡耐基在刚创业的时候，曾经在一个有名的地区举办了一个专门教育成人的训练班，而且还在各个小城市里开了很多分部，这让他投入了大量的资金和精力去宣传自己办的培训班。但结果却并不如他所想的那样好，虽然赚了不少钱，但是除去日常的开销、房租等，他也所剩无几了，几个月下来，他白白浪费了很多精力。

当他寻找问题的原因时，发现是由于自己疏于财务上的管理才导致自己一无所获，为此，他有一种挫败感，很长一段时间他都处于自责的状态中。这种状态自然不利于他刚刚开始的事业，而且也让他整个人变得消沉了许多。一次偶然的机会，卡耐基遇到了自己的一位导师，当他把自己的苦恼告诉老师时，老师对他说：“亲爱的男孩，别再为打翻的牛奶哭泣了。”卡耐基听完这句话，仔细思索了一下，谢过老师回家了。此后，卡耐基再也不为曾经的失败苦恼了，而且精神也立刻好了起来，开始继续自己的事业。

在漫长的人生道路上，有着太多的酸甜苦辣、喜怒哀乐和悲欢离合。过去的已经过去，如果我们硬要把这一切包袱都背在身上，就只会给之后的路程增添负担，无暇去体会人生的其他乐趣；如果往事不堪回首，还偏偏要去回首，烦恼就会日日随形，让我们无心去品尝生活的甜味。不管是痛苦还是辉煌，过去的就让它过去，我们的心承载不了太多的过去。只有把昨天的挫折与辉煌都当做今天的垫脚石，做好攀登的思想准备，我们才能获得快乐和成功。

找到性格中的黄金分割点

有一个少年在6岁时遇到了一位非洲的黑人神父，神父跟他玩了一下午的游戏后，他就觉得从来没有一个大人对他这么好过，于是简单地认为黑人是最优秀的人。

9岁那年，他有了一个嗜好，就是见到任何人都要问别人有多少财产，大部分人都被他吓了一跳，并且昏头昏脑地告诉了他。

上了小学，他不好好学习却常常花了一整天的时间偷看大姐的日记，侥幸的是从来没有被发觉。

上了中学，老师问他哥伦布是哪国人，他感觉其中有诈，自作聪明地改以荷兰人作答，结果遭到不准吃晚饭的惩罚。

有一段时间，他总是觉得自己的智商只比天才低一点，结果进行测试，才发现只有98，只是普通人的正常智商。

他还是一个没有耐心的人，正因为如此，他大学没有读完就肄业了。

每个人的性格中都或多或少地有一些缺陷，不管你是平凡人还是伟人、成功人士。

他的一生都在冒险，大学没读完，就跑到巴黎当厨师，继而卖厨具，到美国好莱坞做调查员，随后又做了间谍、农民和广告人。为此，他一生朋友无数，曾经列了一个有50个名字的挚友清单，包括美国国防部部长、纽约著名律师、报刊总编及女房东、农场邻居、贫民区的医生等。在他31岁时，恰逢第二次世界大战，为了帮助自己的祖国，他服务于英国情报局，当了几年间谍。38岁时，他想起祖父从一个失败的农夫成为一名成功的商人，于是决定效仿。没有文凭的他，以6000美元起家，创办了全球最大的广告公司，年营业额达数十亿美元。他富于想象，设计了无数优秀的广告词，至今仍被使用。他说："永远不要把财富和头脑混为一谈，一个人赚多少钱和他的头脑没有多大关系。"他曾自嘲："只要比竞赛对手活得长，你就赢了。"他晚年隐居于法国古堡，活了88岁。

写到这儿时，你也许会说这是一个成功人士的励志故事，但其实，那位普通的少年和这位成功人士居然是一个人。他的名字叫做大卫·奥格威，是奥美广告公司的创始人。

把上述的两个故事一一对应，你会发现它们之间没有所谓成功的必然规律，甚至也找不到其中的必然联系，谁能从这位普通少年的经历断定他会成为一个大人物呢？

万事万物都存在一定的规律，但是我们不能机械地去理解。人们总以为成功人士一定有非凡的性格和不平常的经历，其实不然，每一位成功人士都有着和你我相似的平凡历程，不同的是，成功人士能够认清自我，了解自我性格中的黄金分割点，以此来应对瞬息万变的社会。成功是不可复制的，每个人都有自己的成功方式，关键在于"认识自己"，并找到自己性格中的黄金分割点，使优良的部分得到充分发扬，将不利的方面加以整合并进行充分利用。

大卫·奥格威为什么会成功？他的成功在于找到了性格中的黄金分割点，并且顺从了自己的性格，将自己的优点发挥得淋漓尽致，而将性格中不利于成功的部分加以整合并重新利用。如果他按照父亲的意愿在牛津大学里坚持读下去，恐怕终其一生只能成为父亲希望的大学教师，也不会有厨师、间谍、农民以及广告人等丰富、精彩的多重身份。如果他没有一系列的闯荡经历，也不会结交那么多朋友，恐怕也很难有丰富的客户资源、想象力和创造力。

成功其实是一扇由内向外打开的门，而打开这扇门的钥匙就是找到自己性格中的黄金分割点。众多心理学家的研究表示，每个人的性格中都有其阴暗面，对此只可整合，不可压制。当一个人有意识地将自己的人格和心理阴暗面隔绝时，阴暗面是最容易爆发的。不正视、不整合自己性格有缺陷的部分，将会抑制人的创造力并强化某种破坏性和攻击性等恶劣的效果。假如整合得好，就能将破坏性的力量转变成积极进取的力量。所以，不要追求完美的性格，你需要做的就是找到自己性格中的黄金分割点，并将不利于成功的部分加以整合、利用，那么成功终将属于你。

再忙，也别忘了沿途的风景

人生就像一次长途旅行。很多人的眼睛总是直盯着要奔赴的目的地，却往往忽略了路边美丽的风景。就在生命的列车急速驶向目的地的路程中，平原盆地有富饶的美丽；江河山川有神奇的壮观；白天有都市的热闹；夜晚有寂静的空旷；春天有百花烂漫；夏天有淫雨霏霏；秋天有果实累累；冬天有白雪皑皑……遗憾的是，很多人宁愿花费不菲的价钱去很远的地方旅游，却往往忽略了身边这些如诗如画的美景。

峰去外地出差，火车里很拥挤。他只好站在车厢里。尽管站得非常难受，但他还是自我安慰地想：只有两个小时的路程，一会儿就到了。况且说不定中途会有人下车，或许还可以抢个座位。

峰与一位老人并肩站在窗口前，不时感受到来自多方的压力。人实在是太多了，有个座位该多好啊。

于是，峰问邻座的男子："请问您在哪儿下车？"他说："下一站。"峰窃喜不已，于是时刻准备着抢座位。

30分钟后，火车到站了。很多人下车，秩序一下子混乱起来。峰刚要坐下，不料一位壮汉迅速抽身，一个箭步冲了过来，把座位抢走了。

峰很郁闷，瞪着双眼盯着他，但又无可奈何，只好继续站着。

不一会儿，峰在嘈杂中听见一声感叹，是那位老者发出来的。老者依然凝视着窗外，嘴角露出笑意。顺着他的目光看去，是一条河，波光粼粼，河上还有点点小帆。"窗外的景色很美啊！"老者说。峰随口应答："是呀!"老者继续说："那田地，那河流，那山脉，美不胜收啊!"峰吃吃地笑了。老者不解地看着他问："不是吗？"峰连忙说："是的，是的。"老者似乎明白了什么，说："笑我迂腐吧！"

老者沉默了片刻，忽然亲切地拍拍峰的肩膀，说：“小伙子，大家都在抢座位，却没有人留心窗外的风景，真是遗憾啊！这条路就非得坐过去吗？就不能一路欣赏过去吗？”峰听后，心里不由得掠过一丝触动。老者接着说：“我年轻时，经常为了眼前的东西而错过很多更好的机会。现在，我不再关注这些了，只想多看看远处的风景。”峰被震动了，默默地欣赏起路边的风景来……

生活在现代这个物欲横流的社会中，人们越来越没有时间去欣赏和寻求生命中的惊奇和美丽了，很多人只在乎财富、名利和地位。为了在物质上不落于人后，很多人宁愿花去自己毕生的时间和精力。但遗憾的是，他们已经没有机会和闲情逸致欣赏路边的风景了，他们只是忙着赶赴目的地。等到他们到达目的地时，蓦然回首，却发现最美的东西已经因为自己的匆忙而错过了。

有一对夫妻整天忙着做生意。在他们拥有了很多钱以后，仍然停不下来。毕竟，人的欲望是永无止境的。他们在海边购置了一座别墅，并且请了一个保姆为他们打理家务。但他们夫妻二人一直都是早出晚归，这座别墅成了他们有名无实的家，似乎只是他们的一个驿站而已。反倒是保姆成了这座别墅有实无名的主人——早上享用过早点后，就躺在天台上享受海边的风景，中午小憩一会儿，晚上吃过晚饭后，带着小狗去沙滩上散步。这真是一种神仙都羡慕的生活：悠然自得、恬静优雅、轻松愉悦！而别墅真正的主人却一刻都没有享受过海边的风景，因为他们太累了，一回到家就睡觉了，他们眼里只有更多的钱，已经停不下来了……

在日常生活中，这样的故事还有很多翻版：学生时代，很多人为了考上理想的学校或在将来找到一份理想的工作，却忽略或放弃了生活中许多美好的东西，当他们拿到自己心仪已久的学校或公司的录取通知书时，尽管会有梦想成真的喜悦，但同时也不免有一种缺失的遗憾，因为他们错过了很多美丽的风景。

参加工作以后，很多人过于执著于事业的成功，为此他们放弃了友情、忽视了亲情、疏远了爱情。当他们抵达一个目标时，继而又向下一个目标迈善意对待所有人，喜欢大部分人，爱少数人，被所爱的人需要，这是通往幸福的捷径。

进，就像一台永不停歇的机器一样，转了一圈又一圈，到头来，虽然“转”来了大量的物质财富，却“磨”掉了许多美好的精神财富。

其实，现代人何必活得那么累呢？为什么不给自己留一点时间，来欣赏一下身边的风景呢？人生的旅程就像坐火车一样，都是驶向目的地的，从起点到终点，有的人埋头看书，有的人玩扑克，有的人喝茶聊天，有的人闭起眼睛听音乐，有的人欣赏沿途的风景。到了终点站以后，每个人的收获都各不相同，有的人说太闷了，有的人说太无聊了，而有的人却说路上的风景太美了。显而易见，收获最多、心情最愉快的是那些沿途看风景的人。

有这样一条短信：“工作再忙，也别忘了一路的风景！”人生苦短，千万不要因为忙碌的工作，浮躁了自己的心灵；千万不要因为加快的节奏，打乱了自己的清闲；千万不要因为羡慕别人的精彩，放弃了适合自己的生活；千万不要因为要到达终点，错过了沿途的风景！

让目标指引你前进

芸芸众生中，为什么有的人感到生活空虚，而有的人却感到很充实？在走过漫长的人生之路后，为什么有的人功盖天下，有的人却碌碌无为？美国成功学家戴尔·卡耐基的一份调查或许能够说明这个问题——卡耐基曾对世界上一万个不同种族与年龄的人进行过一次关于人生目标的调查。他发现，只有3%的人能够明确目标，并知道怎样把目标落实，这是属于精神充实的一类人；而另外97%的人，要么根本没有目标，要么目标不明确，要么不知道怎样去实现目标，这是属于精神空虚的一类人。10年之后，他对上述对象再一次进行调查，结果令他吃惊：调查样本总量的5%已经找不到了，95%的人还在；属于原来97%范围内的人，除了年龄增长了10岁以外，在生活、工作、个人成就上几乎没有太大的起色，还是那么平庸；而原来与众不同的3%的人，由于有了明确的人生目标，都在各自的领域里取得了成功，他们10年前提出的目标，都不同程度地得以实现，他们正在按原定的人生目标走下去。

贞观年间，在长安城西的一家磨坊里，有一匹马和一头驴。它们是好朋友，马在外面拉东西，驴在屋里拉磨。贞观三年，这匹马被玄奘大师选中，前往印度取经。

17年后，这匹已经年老的马驮着佛经回到长安。它重新回到磨坊会见驴朋友，老马谈起这次旅途的经历时说：“浩瀚无边的沙漠，高入云霄的山岭，凌峰的冰雪，热海的波澜，真是太美了……”那些神话般的境界，使驴听了大为惊异。驴惊叹道：“你有多么丰富的见闻呀！那么遥远的道路，我连想都不敢想。”

老马说：“其实，我们走过的距离是大体相等的，当我向西域前进的时候，你一步也没停止。不同的是，我同玄奘大师有一个遥远的目标，按照始终如一的方向前进，所以我们打开了一个广阔的世界。而你被蒙住了眼睛，一生就围着磨盘打转，所以永远也走不出这个狭隘的天地。”

原来，杰出人士与平庸之辈最根本的差别并不在于天赋，也不在于有多么好的机遇，而在于有无人生的目标。就像那匹老马与驴，当老马始终如一地向西天前进时，驴只是围着磨盘打转。尽管驴一生跨出的步子与老马相差无几，可因为两眼看不到目标，所以它的一生始终走不出那个狭隘的天地。生活的道理同样如此，对没有目标的人来说，岁月的流逝只意味着年龄的增长，平庸的他们只能日复一日地重复空虚的生活。很多人都有过失业或者无事可做的时候，在这段时间他们就会觉得日子过得很慢，生活也很空虚。有过这种经验的人都知道，有事做不是不幸，而是一种幸福，因为那不仅仅是一份工作，它还是一个信念、一个目标，有了这种信念，你就不会空虚。

也许，我们曾不满足于自己的平庸；也许，我们曾抱怨过生活的无聊。然而，当我们在心中为自己设定好目标并持之以恒地向前迈进时，我们就可以为自己的生活翻开新的一页，生命也会因此焕发夺目的光彩。

罗杰·罗尔斯是美国纽约州历史上第一位黑人州长，而他却出生在声名狼藉的贫民窟中。当时，他就读于本地的诺必塔小学，这里的孩子比“迷惘的一代”还要空虚和无所事事。他们不但在课堂上不与教师合作，而且经常旷课、斗殴，甚至还砸烂教室的黑板。当时任该校校长的皮尔·保罗想了许多管理办法却收效甚微。后来，他发现这些孩子都很迷信，于是他在上课的时候就多管理加了一项内容——给学生看手相。他常用这个办法来鼓励学生。当罗尔斯从窗台上跳下，伸着小手走向讲台时，保罗校长就说：“我一看你修长的小拇指就知道，将来你会当上纽约州的州长。”这句话让罗尔斯大吃一惊，但他记下了这句话，并且相信它。从此之后，“纽约州州长”这个称号就像一面旗帜一样时刻激励着他，成为他人生当中的一个支点。在以后的40多年中，罗尔斯没有一天不是按照州长的身份来严格要求自己的，在51岁那年，他终于成为美国纽约州的州长。

只要把目标当成一面旗帜去指引自己前进，并为之不懈奋斗，最后就一

定会收获喜悦。人如果没有目标，精神空虚，就会随波逐流。只有树立了明确的目标之后，才能创造人生的奇迹！

阿基米德说："假如给我一个支点，我就能撬起地球。"你认为不可能吗？如果有那么长的杠杆，有那么遥远的距离，当然可以。这个支点让人们有限的生命力得到了延伸。没有支点的肉体是一个空虚的灵魂，而空虚过后，就是渐渐地消沉，最后的结果就是被世人遗忘在社会的角落。

举个简单的例子，每个人心里其实都清楚不应该做一些侵犯别人利益的事情，但如果是一个毫无目标的空虚的人，就会随波逐流，因为他已经麻木了。然而当你的生命拥有一个明确的支点后，它就会坚定地告诉你那不是一个高贵的人应该做的，你应该做个高层次的人。只要坚持这个目标，你的生活就有了动力，就一定能避免做错事。

这就是成功的人为什么会成功，而空虚、迷惘的人为什么会失败的原因之一。

拨开缠绕心灵的忧郁之丝

一个叫小洁的女孩，在她26岁的生日派对上跳一个高难度的旋转动作时，一下子摔倒在地上，就再也爬不起来了。当被送到医院检查后，医生向她的父母和朋友们宣告了一条很不幸的消息：她患上了一种极罕见的肌萎缩侧索硬化症，而目前没有可行性的治疗方案，只能依靠药物延缓病情的发展。

小洁是一所舞蹈学校里出色的教师，她非常热爱跳舞，喜欢舞台上那种激情四射的感觉。每年她过生日时都要举办派对，为自己的亲朋好友一展舞姿。得知她患病的消息后，朋友们都认为这次是她生命中最后的表演而为此感到深深的痛惜。

转眼一年过去，朋友们以为小洁再也不会像往年那样举办生日派对了，可就在她生日的前一天，他们照样接到了小洁的邀请，当他们穿上最华美的服饰，准备了最精彩的舞姿前来时，小洁坐在钢琴前笑着对大家说："虽然我不能跳舞，可我还可以为大家弹琴，看着你们在我的琴声中旋转，能够欣赏你们的舞姿，我同样会开心快乐的。"优美的钢琴曲如清澈的河水从小洁的指间流淌而出，触动了人们心中最美好的情愫，大家在感动中陶醉了。

然而，在随后的几年时间里，小洁的病情恶化了，除了头部，她全身的肌肉基本上都萎缩了。听到这个消息，朋友们都很难过，知道连她那美妙的琴声也已经成为绝响。

在30岁生日的派对上，小洁却第一次展示了她的歌喉，正如她所说，不能弹琴了就为大家唱歌吧！这一年的派对，来的朋友比往年都多，就连为她治病的医生和护士以及她的病友们都来参加了，大家都想听听她的歌声，把最美好的祝愿送给她。

在举办那次派对的4个月后，小洁永远地失去了她美妙的声音。朋友们都沉默了，不知道失去歌声的小洁会怎样面对生活。然而谁也没有想到在她31岁生日的前夕，朋友们照常收到了她的邀请。那一天，来的人极多，似乎整个小城里善良的人们都来为小洁祝福了。音乐依然、舞蹈依然、欢乐依然，小洁卧在一张躺椅上，只有眼睛还在艰难地眨着，她的眼睛中迸发出欢乐的光芒。只要心还能激情四射地跳跃，为什么不能热爱美好的生活呢？人们在她的眼神中看到了坦然、微笑，看到了温暖和激情，看到了一种对生活的热爱。

在小洁31岁时，她全身的肌肉彻底萎缩了，包括摄入新鲜空气的呼吸肌，最后连心脏也无力了，停止了跳动，但是所有的人都认为小洁的灵魂在天地间继续舞蹈、弹琴、唱歌。在她的墓碑上刻着这样一段话："不能跳舞就弹琴吧，不能弹琴就歌唱吧，不能歌唱就倾听吧，让心在热爱中欢快地跳跃，如果有一天心脏停止了跳动，那就让灵魂在天地间继续舞蹈吧！"

你是否想过把自己藏匿在黑暗之中，去躲避另一种更恐怖的黑暗。在那种朦胧的境界中，你有没有听到一种音乐，如同一根根细丝，一层一层地缠绕在你的心头，不管你怎样努力，都不可能躲开它。小洁得了罕见的绝症，但她并没有藏匿在忧郁的黑暗中，也没有被心灵中如丝般的抑郁情绪缠绕，相反却过得如此开朗、轻松，不仅给周围的人们带来了许多快乐，更可贵的是她那份对生活的美好追求和深深的热爱让人感动。

或许我们每个人都曾是弱者，觉得生活中的不幸和伤心太多，会因为孩子偶尔的顽皮而生气；会因为某一天交通不畅而烦恼；会因为工作的辛苦而厌倦；还会因为家庭中偶尔的纷争与矛盾伤心不已……看到小洁的故事，或许才发现自己是如此的幸福！

其实，幸福很简单，需要自己去领悟和感觉，我们要拨开缠绕心灵的忧郁之丝，学会用心生活并心存感激，那么幸福、快乐就会伴随着我们。

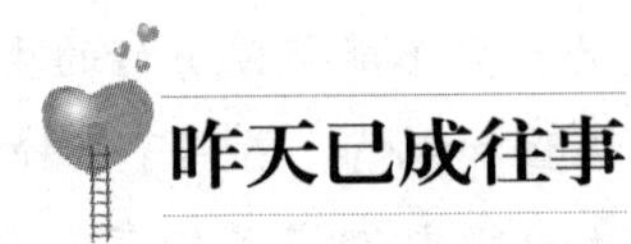

昨天已成往事

对过去的错误来说，现在的懊悔毫无用处，只能带来更大的痛苦。如果摔倒了，我们唯一该做的就是爬起来，拍拍身上的灰尘，重新走上人生的旅途。

尼克松是人们熟悉的美国总统，但就是这样一个大人物，却因为一个错误毁掉了自己的政治生涯。

这件事情发生在1972年尼克松竞选连任期间。因为他在第一任期内政绩斐然，所以大多数政治评论家都预测尼克松能够在这次的连任竞选赛中以绝对优势获得胜利。然而，尼克松本人却很不自信，他走不出过去几次失败的心理阴影，极度担心失败再次降临。在极度害怕失败这个信念的驱使下，他鬼使神差地作出了让自己后悔终生的蠢事。

他指派手下的人潜入水门饭店，这是他竞选对手总部的所在地。他让手下人在对手的办公室里安装了窃听器。事情被揭发之后，他又阻挠调查此事，而且推卸责任，不承认这是他本人的意思。虽然在选举中他以多数票胜出，但是在之后不久他就因为此事被迫辞职。本来已经胜券在握，但是却因为尼克松对以往的失败耿耿于怀而导致惨败。

不停地追悔过去或者总是不停地夸耀自己成功的过去，都是错误的态度。因为追悔过去只能让自己更加悲观，而不停地夸耀过去的成功，也不会阻止下一个挑战的到来。乐观的人不会为已经开走的车而懊恼。每天都是一个新的开始，每天都有新的希望，乐观的人总是会向前看，而不是向后看，因为前面总是有更多的惊喜。

不管过去的你处于一种什么样的状态，你又做过怎样的事情，这些都已经过去了，最重要的是你将来要做什么。人需要用发展的眼光看待自己，看待失败和成功，成功与一个人现在的状况没有关系，过去的已经载入史册，最关键的是未来。过去决定了现在，但是它不能决定将来，我们要努力寻找未来的方向和目标，从过去的失败中走出来，并过好现在的生活。

有一次，英国前首相劳合·乔治和朋友在院子里散步，每经过一扇门，乔治总是随手把门关上。

“你有必要把这些门都关上吗?”朋友纳闷地问乔治。

乔治笑着说：“这是我的一个习惯，这么多年来，我总是喜欢将自己身后的门全部关上。我觉得这是我必须要做的事情。当我关上身后的门时，我就感觉自己将过去也关在了门外，无论是好的成就，还是坏的成绩，都随着这扇门的关闭而消失了。这样一来，我就可以让一切重新开始了。”

人的一生总是会经历很多黑暗时期，谁都难免有做错事或做不完美的时候，这时要以乐观的态度看待问题，大不了就像乔治一样，把这些问题都塞进一扇门里，然后把这扇门关上。不要总是为过去而叹息，过去的已经无法追回，就让它成为美好的回忆吧；也不要总是想着明天，这样往往会错过今天。

不必为昨天的事担忧，今天无法重复昨天的故事，因为今天还有很多事情要做，缅怀过去只会拖累今天的进度；而今天的事情也不能拖延到明天，正所谓“明日复明日，明日何其多”，也许明日的明日就是人生的尽头，今天把握不好，明天就是镜花水月，可望而不可即。如果能够忘记过去的成功与失败，给自己一个全新的开始，我们就会从未来的朝阳里看见另一处成功的契机。有一句话叫“不为昨天埋单”，的确，如果我们一有过错就陷入无尽的自责、哀怨、后悔之中无法释怀，那么我们将永远活在昨天，而失去今天。如果失去了今天，也就没有任何快乐可言了。昨天的失败或成功只能是今天的经验和借鉴，把明天看做是今天努力的收获，才能在积极的情绪下把每一天都过得有意义。

今天是昨天和明天的交接点，今天也应该是昨天困扰的终结和走向胜利的新起点，是从辉煌奔向更加辉煌的明天的起点。来到今天，我们切不可过多地怀念过去，无论昨天是成功还是失败，如果昨天我们跌倒了，今天的任务是赶快爬起来，眼睛盯着前面的路尽快赶上去，而不是盯着自己的失败砸出的那个坑；如果昨天成功了，也不代表今天仍然可以成功，我们仍需再接再厉。过去的就让它过去好了，今天的一切都是全新的，我们要脚踏实地、满怀信心地经营，才能最终结出胜利的果实，得到丰厚的回报。

| 感激让幸福奇迹般地加倍。|

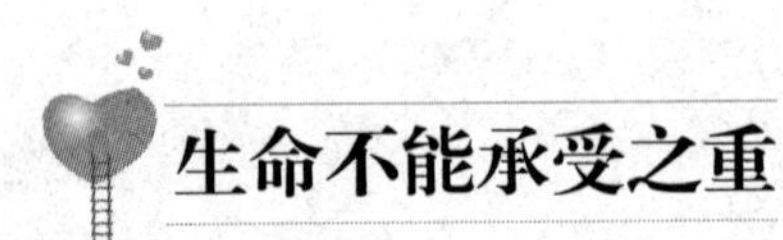

生命不能承受之重

一个人只有“放下”心中的一切贪欲、愤恨和妄想，才能自由自在，才能解脱，才能把握住正确的道路和方向，顺利到达终点。

很久以前，有一个年轻人感觉生活的压力越来越沉重，他觉得自己已经无力支撑，于是只好去请教一位智者。

年轻人说：“大师，我是那样的孤独、痛苦与寂寞，长途跋涉使我疲倦到了极点；我的鞋子已经磨破了，荆棘割破了双脚；手也受伤了，血流不止；嗓子由于大声呼喊也变沙哑了……我经历了这么多苦难，为什么还不能找到心中的阳光呢？”

智者没有马上回答他的问题，而是将他带到河边，他们一起坐船过了河。

上岸后，智者对年轻人说：“你扛着船赶路吧！”

“什么？扛着船赶路？”年轻人一脸愕然，“船那么沉，我扛得动吗？”

“是的，你当然扛不动。”智者微微一笑说，“过河时，船是有用的。但过河后，我们就要放下船才能继续赶路，否则它就会变成我们的包袱。痛苦、孤独、寂寞、泪水、名誉、地位、金钱，这些对人生都是有用的。但时刻带在身上，就会成为人生的包袱。放下它吧！年轻人，生命不能负载过多的重量，否则人生就会垮掉。年轻人照办了，顿时感觉无比轻松，他发觉自己的脚步轻快多了，心情也慢慢晴朗起来。

“生命不能负载过多的重量”，在智者的开导下，这个年轻人终于明白了生命不必如此沉重的道理。事实上，我们每个人都应该学会放下人生的包袱，随时清理心灵的垃圾：名利心、是非心、得失心、执著心以及曾经遭遇的痛苦、孤独等。只有这样，才能让自己轻装前进，走向远方、走向未来。

1976年，英国探险队成功登上珠穆朗玛峰，下山时不幸遭遇暴风雪，如果扎营休息，很可能导致全军覆没，而继续前行必须放弃随身携带的贵重物资和宝贵的资料。还要在食物缺乏、随时有生命危险的情况下前进10天。这时，退役军人莱恩率先丢弃了所有的随身装备，随后队友们都这样做了。他们互相鼓励着，忍受着寒冷、饥饿和疲劳，不分昼夜地前行，只用了8天时间就到达了安全地带。

这是一个惊心动魄的有关“放下”的真实故事，它告诉我们如何正确对待和选择“放下”。适时地放下是一种超然，更是一种智慧。它能让你更清醒地审视自身的潜力和外界的因素，客观地认识自我和周围的事物，进而作出正确的分析和决策。

放下不等于失去，放下的越多，能拥有越多。当你手中抓住一件东西不放时，你只能拥有这一件东西；如果你肯放手，你就有机会选择其他的。人如果固执于自己的观念，不肯放下，那么他生命的广度和深度也只能局限于某种程度而已。当你紧握双手时，里面什么都没有；当你松开双手时，整个世界就在你手中。人生是一个漫长的旅程，不断前进是人生永恒的主题。在前进的过程中，必须对经历的以往有所取舍，这样才能不断地在扬弃中轻装前行，才能在取舍中更加成熟。

别为过去的错误后悔

有一位画家在年轻时遇到一个如仙子一般漂亮的美女，在那个女孩穿着漂亮的衣裙出现在他眼前时，他有一种惊为天人的感觉，女孩如瀑的长发和纯洁的眼神，都拨动着画家的心弦。在一刹那间，他就知道自己的心被这个女孩俘获了，这个女孩的每一个动作在他眼中都是性感且完美的，他去追求那个女孩，可是女孩却以自己还小并且与画家不是同一个民族为由拒绝了他。

这个画家怀着失落感回到家乡，因为心中想着这个女孩，他画出了一幅又一幅的惊世之作。也因为这个女孩，他一直没有办法喜欢上其他女人，在他心里，那些世俗的女人与这个女孩相比简直是一个天上，一个地下，他越来越后悔自己当初没有留下来继续追求那个女孩。

过了10年，画家依旧孑然一身，饱受相思之苦的他再也受不了了，于是故地重游，去找当初那位曾经拒绝过他的女孩。这次，他下决心，无论如何都要追到她。可是当画家再次来到女孩家的门口时，他震惊了：在他离开了一个月后，女孩因为车祸离开了人世。画家得知这个消息后，带着绝望的心离开了女孩的家。从那以后，他再也没有传世之作了，因为他用后半辈子来后悔当初自己的不坚定，错失了与女孩携手的机会。

事实上，生活中很多人都如这位画家一样，错过了，就开始后悔。在该行动的时候不应拖延，可是既然当初已经选择了一种生活，又何必非要回头去看另外一种生活？另外一种生活是自己想要的，他会后悔；另外一种生活不是自己想要的，他也会后悔——为一种不想要的生活执著许久怎能不后悔？所以我们既然已经选择，就不要后悔，不要让它影响我们现在的生活。

农夫在森林中捕获了一只非常奇特的鸟，它是一只会说话的神鸟。这只

鸟挣扎着说："你放我走吧，我非常聪明，会说三十多种语言，而且阅历丰富，只要你放了我，我会给你三条忠告。"

农夫回答说："你先告诉我这几条忠告，我再放你。"

这只鸟同意了。它张口说："第一条忠告是：你做完一件事，就不要后悔；第二条忠告是：无论别人告诉你什么事，假如你觉得是不可能的，就不要相信；第三条忠告是：不要轻易去做自己做不到的事，比如爬高，如果你不会，千万不要试着去爬。"

说完后，农夫果真信守诺言放了它。

这只神奇的鸟飞起后落在后面的一棵大树上，它对农夫大声说："你太愚蠢了，你放了我，却没想过我为什么这么聪明。因为我的嘴里有一颗硕大的珍珠，正是它让我这么聪明的。"

农夫听完这话，狠狠地敲打着自己的头，为自己刚才的行为后悔不迭：自己怎么就没有想到它身上有宝物呢？于是农夫想再次捉住这只鸟，他跑到大树前开始往上爬，可是那棵树实在是太高了，他爬到一半的时候，一不小心就掉下来了。

那只鸟满脸嘲笑地看着他，并对他说："你真笨，我刚才给你的忠告你全都没记住。你想一下，像我这么小的身体里怎么可能会有一颗硕大的珍珠呢？既然你已经把我放了，那为什么又后悔了，后悔本来就是无济于事的；后来你又不甘心，试图爬上这么高的树来捉我，我已经告诉你不要爬这么高了，真是咎由自取。"说完，鸟儿就扑打着翅膀飞走了。

天底下最悲哀的一句话就是："我当时真应该那么做却没有那么做。"经常可以听到有人说："如果我年轻时就开始做那笔生意，早就发财了！"或"我早就料到了，我真后悔当时没有做！"一个好的想法如果胎死腹中，会叫人叹息不已，永远不能忘怀，人们总在想，若是当时真的彻底施行，也许现在将是无限满足的。但问题是，已成定局的事情，再来悔不当初，除了让自己痛苦外，已经没有任何意义了。过好今天的日子，不要再让悔恨的小虫钻进我们的心灵。

脱离情绪的“枯井”

你曾经有过杞人忧天的时候吗？为了生活得更好，现代人无不战战兢兢的，谁都害怕今天所有的一切明天会化成泡影，所以，无形的焦虑就产生了。其实，适当的焦虑是促使人们奋发向上的助力，它让人产生一种危机感；没有了它，大多数人就失去了激发自己向上的原动力，也就没有了奋斗动机。但是，过度焦虑却不是件好事，只会让人们整天忧心，久而久之成了习惯，甚至内化成性格，变得无事不忧、无事不虑，反而让人束手束脚，什么事也做不成。如果凡事能够退一步想，不那么钻牛角尖，忧虑就会减轻不少。

对于不可知的事情，所有猜想都是概率问题。用统计学来说，最坏和最好的情况出现的概率都是微乎其微的，同时它们出现的机会也大略相等。所以，与其一颗心七上八下的，倒不如及早放下无谓的担心，规划一下如何亡羊补牢，甚至是另谋解决之道。

两个人结伴出门旅游，在他们即将返回的时候，却发现钱包不见了。其中一个人急得像热锅上的蚂蚁，不但把自己去过的地方找了个遍，还到派出所报了案，结果一无所获，整日闷闷不乐。而另一个人在发现丢了钱包之后，没有一味地懊悔，而是积极地想办法，考虑如何才能挣到回家的路费。他走进一家饭店，向老板讲明了自己的情况后，用给饭店洗菜的办法为自己和同行的朋友挣到了回家的路费。后来，他还与这家饭店的老板成了朋友。直到现在，一提起这件事他总是说：“旅游的时间那么短，有趣的事那么多，为了丢失钱包而一直烦恼下去很不值得。”

从上面这则故事来看，人生有许多事情要做，不能为一时的失去一直悲伤下去。就算我们遇到了令自己非常苦恼的事，但是事情已经发生了，我们

就要面对现实找出路，而不能一味地去抱怨。

有个农夫的一头毛驴不小心掉进了一口枯井里，农夫绞尽脑汁想办法想救出毛驴，但几个小时过去了，毛驴还在井里痛苦地哀嚎着。

最后，这位农夫决定放弃，他想：这头毛驴年纪大了，不值得大费周章去把它救出来，不过无论如何，这口井还是得填起来。于是农夫就请来左邻右舍，让他们帮忙一起将井中的毛驴埋了，以免除它的痛苦。

农夫的邻居们人手一把铲子，开始将泥土铲进枯井中。当这头毛驴了解到自己的处境时，刚开始叫得很凄惨。但出人意料的是，不久这头毛驴就安静下来。农夫好奇地探头往井底一看，出现在眼前的景象令他大吃一惊：当铲进井里的泥土落在毛驴的背部时，毛驴的反应令人称奇——它将泥土抖落在一旁，然后站到铲进的泥土堆上面！

就这样，毛驴将大家铲在它身上的泥土全部抖落在井底，然后再站上去。很快地，毛驴就上升到井口，然后在众人惊讶的注视下快步地跑开了。

就如毛驴一样，在生命的旅程中，我们难免会陷入情绪的“枯井”里，会有各式各样焦虑的“泥沙”倾倒在我们身上，而从这些“枯井”中脱困的秘诀，就是将“泥沙”抖落掉，然后站到上面去！

缘来是福，缘去也是福

人生在世，凡事不可能一帆风顺，总会有烦恼和忧愁。禅家有语说：“万事皆有缘，人生当随缘。”人生随缘，随顺自然，毫不执著。随缘是一种进取，是智者的行为；随缘是一种达观，是一种雅士的淡定；随缘是一种洒脱，是拿得起、放得下的坦然；随缘是一种人生的成熟，是一份人情的练达。

世间万事万物皆是有可能即有缘，无可能即无缘。世人常说“有缘千里来相会，无缘对面不相识”，这便是缘。既然是缘，就会有缘聚缘散的一天。也会有人悲叹“天下没有不散的筵席”，缘是一种存在，是一个过程。人们应该怀有“不以物喜，不以己悲”的心态去面对人生的缘分。以“入世”的态度去耕耘，以“出世”的态度去收获，这就是随缘人生的最高境界。

青龙山上的寺里有两个和尚：悟空和悟了。刚开始的时候，他们每天一起出去化缘，过了一段时间就只有悟空天天出去化缘了。因为悟了发现青龙山下的缘十分好化，即使随便到山下走走，就能化到很多，悟了会用化来的钱买很多生活必需品存放着，然后就在寺庙里睡懒觉。悟空劝诫悟了，要趁着机会出去化缘。

悟了听了悟空的话觉得很烦，当悟空再次劝诫时他就没有好脸色地说：“出家人不能太贪，有吃的和住的就行了。我现在有很多粮食，足可以吃半个月的了，我为什么还要再出去受累呢?”

悟空看着悟了无奈地说：“师弟，你化了这么多年缘，难道还没有参悟到化缘的真谛吗?”

悟了听了，不以为然地说：“师兄，你每天都是日出而出，日落而归，可你每次都是空手而回，你化的缘在哪里呢?”

悟空说：“我化的缘在心里。一切都要随缘去。”

悟了听了悟空的话一头雾水，疑惑地看着悟空说："我不明白你说的意思是什么。"

悟空说："你以后会明白的。"

在接下来的日子里，悟了化的钱物越来越少了。悟了很苦恼，因为原来化一次缘可以吃半个月，现在只能吃几天。但悟空依旧如同往常一样，还是那样天天都面带微笑。一天下午他们在后院相遇，悟了想挖苦悟空，于是说："师兄，你今天收获怎么样呢？"

悟空说："收获多多。"

悟了说："那你多多的收获在哪里呢？"

悟空说："在人间，在人心里。"

悟了还是无法理解悟空的话，决定明天跟悟空一起去化缘。于是悟了说："师兄，我悟性太差，明天我想跟你去化一次缘。"悟空同意了。

次日，悟了要跟悟空一起去山下化缘了，悟了拿了他平时出去化缘用的布袋。悟空看到后说："师弟，放下布袋吧，我化缘不需要布袋。"

悟了问："为什么呢？"

悟空说："布袋里装满了私欲贪婪，拿着这样的布袋出去是化不来最好的缘的。"

悟了说："不带布袋，那我们把化来的东西装在哪儿？"

悟空说："装在人心里。人心可以容纳很多东西。"

就这样，悟空和悟了上路了。他们每到一处就会有很多人认出悟空，然后就主动拿出东西给悟空。悟了看到众人的施舍暗自琢磨："不让我拿布袋，看你一会儿把东西往哪里搁。"

他们继续往前走，化的缘也越来越多。看到今天收获不少，悟了满怀欣喜，高兴地准备回庙里。就在这时，从远处走过来一个农夫，还抱着一个孩子，孩子哭得很厉害。悟空问明情况，原来农夫的孩子得了重病，他没有钱给孩子看病。于是悟空就走过去，把这一天化来的财物都给了农夫。然后，他们继续前行，除了维持温饱外，他们一路化了就舍，舍了再化。等到快到山上的时候，悟空问悟了："师弟，跟我出来你化到了什么吗？"

悟了苦笑。悟空看着悟了的表情说："师弟，你只知道缘来之福，却不明白缘去之福。天地万物都在循环，只知道缘来之福的人得到的只是片刻的欢愉，一旦时间久了就会觉得无趣。我和你之间的区别就是，你把化来之物放在了充满私欲贪婪的布袋里，而我则把化来的东西放在人心里循环，让世人感受善良和爱，并让善良和爱在人们的心里循环。”

随缘是一种达观的自然境界。功名利禄是身外之物，生不带来，死不带去。而唯有爱和善良是最宝贵的，它像一阵清风可以温暖世人的心田；如一场春雨，滋润万物复苏。随缘是一种境界，是一种淡定之情，是一种宠辱不惊的高雅之气。缘分是一种福气，能够抓住就是福分。世人的烦恼更多的来自于对缘分的勉强，如果能够一切随缘，那么会有更好的明天。

一个年轻人到一座禅院去请教佛法。在上山的路上，他看到一件有趣的事，然后他想以此考考禅院里的老禅师，看禅师是不是真的得道高僧。

年轻人来到禅院，便与老禅师一边品茗，一边闲聊，他突然冷不防地问了一句：“禅师，请问您知道什么是团团转吗？”

老禅师随口答道：“皆因绳未断。”

年轻人听到老禅师这样回答，顿时目瞪口呆，惊讶地看着禅师。

老禅师见状，问道：“什么使你如此惊讶，我看你很震惊的样子？”

“不是别的让我感到惊讶，而是禅师您让我感到惊讶，我惊讶的是您怎么会知道呢？”年轻人继续说，“在上山的路上，我看到一头被绳子穿了鼻子拴在树上的牛，这头牛挣扎着要到草地上去吃草，但是它无法挣开绳子的束缚。我以为禅师肯定答不出来，哪知您出口就答对了。”

老禅师微笑着说：“你问的是事情，而我回答的是道理，你问的是牛被绳缚而不得解脱的原因，而我回答的是心被俗物纠缠而不得超脱的道理，道理都是一样的。”

一只风筝，因为被绳牵住，即使再怎么飞，也飞不上万里高空；一匹壮硕的马，因为被绳牵住，即使再怎么烈，也会任由鞭抽。人生亦是如此，常常会被功名利禄所累。一次得失，会让人痛心疾首；一段情缘，会让人愁肠百结；一份执著，会让人蹙眉千度。

名是绳，利是绳，欲是绳，尘世的诱惑与牵挂都是牵住世人的绳。老禅者说："众生就像那头牛一样，被许多烦恼痛苦的绳子缠缚着，生生死死不得解脱。"人生有很多烦恼都是因为自己没有斩断。如果能够一切随缘看，得时不喜，弃时不悔，那么就不会有任何烦恼。随缘是一种大智若愚的境界，是一种雅士的淡定，是一种高尚的情怀。

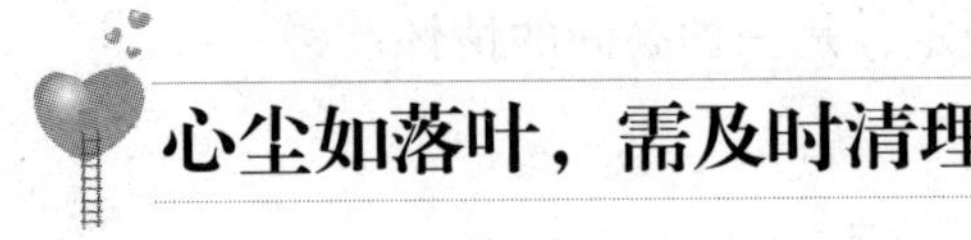

心尘如落叶，需及时清理

有一天，皎光禅师走过庭院时，一阵狂风吹来，把树上的黄叶吹落下来，撒满了地。

皎光禅师站住，看了一阵。等风停了，他也不说话，低头弯腰把树叶一片片地从地上捡起来。

几个小沙弥此时也在庭院里，正好看见了这一幕，他们觉得十分有趣，就围过来说：“师父，您不要捡了，我们明天就会把院子里的黄叶扫得干干净净的。”

皎光禅师说：“打扫虽然可以使地上变得干净，但我在这里捡一片叶子，不就可以增加一分干净吗？”

有个小沙弥抢着说：“师父，捡起来太慢了，您看前面的叶子捡完了，后面就又落下叶子了！”

皎光禅师并未停止手中的动作，他边捡边说：“你们认为只有地上有落叶吗？其实，人们心中也有不少落叶！我在这里捡，也是在捡我心中的落叶。时间长了，终究有捡完的时候。”

几个小沙弥听了，若有所悟地点点头。

地上的落叶尚且难以在短时间内捡干净，更何况心灵的落叶。故而，落叶要及时捡，心灵的尘埃也要及时清理。

每逢过年，很多人都会打扫房间，让整个屋子光洁明亮，干净如初。人们喜欢在这样一个温馨的环境中迎接新的一年。但是，很少有人想过找点时间，静静地坐一会儿，清扫一下自己的心灵。

在一座大山里住着一位以砍柴为生的樵夫。樵夫省吃俭用、辛苦努力，用了3个月的时间，终于建成了一间可以遮风挡雨的房子。有一天，他挑着砍好的木柴到城里交货，当他黄昏回家时，却发现自己的房子起火了。左邻右舍都来帮忙救火，但是因为风势过大，没有办法将火扑灭，一群人只能静待一旁，眼睁睁地看着炽烈的火焰吞噬了整栋小屋。

樵夫痛苦地蹲下来，他无法冷静地看着自己辛苦努力的成果突然间化为灰烬。邻居们也纷纷叹息，的确，面对这种情况，有谁会不难过呢？

当大火终于灭了的时候，这位樵夫手里拿了一根棍子，立刻跑进倒塌的屋里不断地翻找着。围观的邻人有的以为他在翻找藏在屋里的珍贵宝物，都好奇地在一旁注视着他的举动；也有人说樵夫是过于伤心，所以才会有这种不理智的行动，因为刚刚烧过的房子并不安全。

过了半晌，樵夫终于兴奋地叫着："我找到了！我找到了！"邻人纷纷上前一探究竟，发现樵夫手里捧着的是一片斧刀，根本不是什么值钱的宝物。邻人问："你刚刚还那么痛苦难过，现在为何为了一片斧刀而这么兴奋？难道你忘记了房子已经被烧了吗？"

"是的，房子被烧了我的确很难过。可是既然已经烧了，我再痛苦也没有用。我想不如把这痛苦丢掉，好好想想以后该怎么办比较实际。"只见樵夫兴奋地将木棍嵌进斧刀里，充满自信地说，"我现在知道接下来该怎么办了，只要有了这柄斧头，我就可以再建造一个更坚固耐用的家。"

樵夫的智慧就在于能够认清事实，及时调整自己的心态。有位著名的作家说过："生命并非总是由一手好牌来决定，倒是往往由善于处理一手坏牌来决定。"那些成功的、活得潇洒自在的人的生命中，并不是没有困难和挫折，也不是没有伤心和悲痛，只是他们不会就此沉沦或失去斗志，每一次他们都能够从消极的情绪中走出来，积极地调整好心态，面对新的挑战，勇敢地继续前进。

我们每个人也是这样，在尘世里时间长了，内心世界里不可避免地积存了一些灰暗的东西。

这些灰暗的思绪藏在心灵的角落里见不到阳光，也没有雨水冲刷。一旦遇到合适的机会，它们就会遮住我们的眼睛，迷失我们的方向。

所以，我们不妨学学皎光禅师，及时清扫如落叶般的心尘，给心灵洒点水，拭去上面的污垢，打扫干净那些尘封的往事，洒点阳光给未曝光的角落。我们要学会主动调整心态，放下所有的消沉和忧郁，用平和的心态积极地迎接每一天。

懂得感恩，学会宽容

拥有一颗善于发现、善于感悟的心，才能体会自然的美好，感受到人与人之间的温暖和活着的幸福。学会感恩与宽容，送给他人一片阳光，自己就能收获无限幸福。

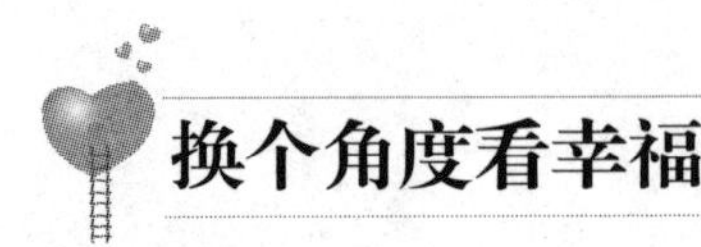

换个角度看幸福

辛迪娜是欧洲著名的女高音歌手。一次演唱会之后，她刚和丈夫、儿子一起走出剧场，就被观众们重重围住。

人们无法掩饰心中对辛迪娜的羡慕和崇拜——有的恭维她，说她刚大学毕业就进了国家歌剧院，才30岁就走红全球；有的羡慕她嫁了一个事业有成的丈夫；有人赞美她的歌唱天赋，25岁就跻身世界十大女高音之列；还有人说她真是好福气，有一个俊俏、可爱的儿子……

辛迪娜听后微微一笑说："谢谢大家对我和我家人的关心，我十分愿意在这方面和大家一起分享快乐。只是你们有所不知，我的儿子在5岁那年不幸丧失了听力；他的姐姐，则是一个需要长年被关在房间里的精神分裂症患者。"

人们听后大惊失色，面面相觑，不知应该说什么才好。

辛迪娜又心平气和地说："其实这并没有什么，这只能说明上帝是公平的，他给每个人的都不会太多。"

人们又陷入了无限的沉思之中。

习惯于同别人攀比的人，往往会为自己找一个比较的对象，并将这个对象看做他的基点。

《巴尔的摩哲人》的编辑亨利·路易斯·曼肯说过，如果你一定要找一个基点，那么最好的对象应该是凯利·帕克。他是澳大利亚最富有的人，但他的一个肾是移植的，心脏也做过手术。曼肯说："你难道希望自己拥有40亿美元，而一个肾是移植的吗？"

没有一个人的生命是完整无缺的，每个人都或多或少地缺少一些东西。

事实上，每个人都有掩饰自己缺点的天性，所以当你和别人比较的时候，看到的只是他的长处。现实生活中，没有人会主动把自己的缺点公示于众的，而你对自己的缺点却很清楚，因此你往往拿自己的缺点同别人的长处相比。你看见别人开着一辆漂亮的汽车，就觉得自己的车没有他的漂亮，殊不知别人的车有可能是借来的，又或许漂亮车的背后有大笔的贷款，虽然你的车不比他的好，但是你没有欠债，因此你大可不必因为这种无谓的攀比而感觉不舒服。其实，人与人之间没有可比性，每个人都有自己的优点，也有自己的缺点，如果总是无休止地攀比，就会把自己推向无尽的烦恼中。有时候，过分攀比还是一种病态的心理。

甲买了一张新床，生怕亲戚不知道，又不好满大街地去开“新闻发布会”，于是他说自己病了，想以此为由让亲戚来探视，这样亲戚就会看到他买的新床。他的一位亲戚乙恰巧做了一条新裤子，此时他已经知道甲装病让人欣赏新床，心想：“我偏不看你的床，你一张床还不值我一条裤子的钱！”于是，当乙来到甲家中时，乙并没用眼睛看甲的新床，而是往甲的床边一坐，有意无意地跷起一条腿，问道：“你哪儿不舒服？”甲瞥了乙一眼，发觉了乙的真实来意，于是回答：“我的病已经好了，可是我发现你的脸色不好，我想你应该是病了。”乙有些摸不着头脑，问道：“我会有什么病？”甲笑嘻嘻地说：“咱俩得的其实是同一种病啊！”

人的幸福由精神支配，而不是取决于物质的多寡。俗话说：“宫殿里也有哭声，茅屋里也有歌声。”德国著名哲学家海德格尔说：“贫穷时能静静地听着风声，也是快乐的。”人摆脱了物质的羁绊，在精神的世界里会得到无限的自由。其实人与人之间的“比”，内容很丰富，有比身材、相貌、权势、声望、时髦的，也有比文思敏捷、技术能力、生活态度的，就看你怎么去选择了。事实上，少了这个“比”字，人生也会少了一种生气，少了一种动力。但应该明白的是，还要看对比的双方有没有可比性。这个“可比性”指的是两个事物之间或两个事件之间是否存在类比的可能。如果没有类比的可能，强行去比，就是一种不切实际的苛求。

说到底，我们倡导的不是不比，而是不要盲目“攀比”，要始终明白盲目“攀比”的危害和影响。生活中，我们不能攀比奢华、安乐、享受、金钱和权力，然而却可以攀比勤奋、学识、上进。

虽然在众人的观念中，攀比是一种不好的心理现象，但它是我们认识自己、认识别人、认识社会的一种工具，善于发现自己的不足和长处。合理地调整自己的情绪和行动方向是一种人生演练，它时常促使我们反省自己，将能实现的尽量实现。至于不能实现的，可以看做是一种美丽的期待。

可见，攀比对象的选择其实是生活策略的选择，选择一种适当的攀比方式，也就是选择了一种轻松自如的生活策略。

感悟一只狗的生活哲学

有一天，博伊突然对自己说:“多年以来，我日子过得一团糟,每天都向上帝祈祷，希望一觉醒来能变得像我的狗一样快乐。”

此后，博伊一直在思考这个问题，是否能像自己的狗一样快乐呢?

于是，博伊开始观察他的狗米基。它总是非常快活，它是博伊见过的活得最开心的家伙。它总是能不断找到新的喜悦，发现新的事物。

每次博伊把车停到门口的时候,米基不管在做什么，一听到熟悉的响动，它就飞似的奔出来迎接博伊，又叫又闹,一个劲儿地往博伊的怀里钻，使劲儿摇着尾巴，伸出长长的舌头，亲密地舔着博伊。从米基身上，博伊终于明白了什么叫做“情不自禁”。

米基常常走到博伊的房门口，请求进来和博伊一起玩。如果米基的爪子不是太脏的话，有时候博伊也会放它进来。一开门，它就猛冲了进来，不给博伊任何改变主意的机会。它知道自己想要什么并主动提出请求，一旦机会来临，它总能牢牢地把握住。米基是那种及时行乐的家伙。

米基脑子里在想什么从来不需要博伊费劲儿去琢磨。它高兴的时候就摇尾巴，不高兴的时候就叫个不停，从不掩藏自己的情绪，博伊很信赖它。

在寒冷的夜晚，米基会主动跳上博伊的床，不容商量地钻进博伊的被窝。看到博伊出去散步，它会跟在后面，如果发现很不错的风景，它就会拼命扯着链子要奔过去。

米基知道自己可以有各种各样的欲望。如果想要什么，它就会直截了当地表达出来。有时候它得到了，也欢天喜地；但即使没得到，无论如何，至少它要求过了，心中也不会留下遗憾。

博伊拿着皮球准备扔出去的时候，米基总是牢牢盯住博伊手中的球，眼睛一眨也不眨。这一幕告诉博伊什么是真正的全神贯注。米基的眼睛一秒钟也没有离开过球。如果换成另一只手拿球，把球藏在背后，或者把手揣进兜里，米基的眼神也始终没有错过博伊的任何一个动作。

对于那些它信得过的人，米基总是毫无保留地和他们玩在一起。至于那些它不喜欢的人，用鼻子闻一闻后扭头就走，丝毫不会阿谀奉承。

米基从不怀疑它有权拥有自己的空间，它知道自己领地的范围，并且坚决地保护它不受侵犯。一旦任何陌生来客——无论是长轮子的还是长腿的，只要靠近它的房子，它就会非常警惕，并发出警告的狂吠声。不管白天黑夜，它总是在那儿警告任何可能的入侵者。

当米基在散步时碰到另一条狗的时候,它们会彼此嗅一会儿。有时候，它们会成为好朋友，一起玩上很长时间。有时候，它们嗅过之后就分道扬镳了，米基并没有因为分离而难过得吃不下饭。

有些时候，只要多嗅一嗅,就能避免忍受和气味糟糕的家伙长期共处的折磨。

米基喜欢毫无保留地去爱别人，从不拒绝把它的爱献给别人，因为它知道，如果不与别人分享，它自己得到的爱也会失去。

米基从来不记恨，更不会报复。有时，博伊不小心踩了它的爪子，它痛得嗷嗷直叫，转身就逃。但没过多久，它又回来了。

米基用不着讨好谁，也用不着证明自己。它只要做好自己就够了，它只在乎快快乐乐地过日子。

读到这里，你是不是有一种醍醐灌顶的恍然彻悟，一只狗的生活提醒我们，其实快乐就是这么简单，我们是不是该重新思考快乐生活的真谛呢？相信米基带给每个人的感悟都是相同的，进化的过程创造出许多复杂的东西，让人类丢掉了太多美好的东西。人们本应快乐，却常常烦恼；人们在追求快乐的过程中，时常感觉到生活的压力。所以，有人说“成长就是一种丢弃快乐的过程”。

狗不懂得何为嫉妒、邪恶、不满，它们纯真、执著、信任、豁达、爱、宽容、享受生活——一只狗的快乐哲学带给人们的就是这些最深切的感悟。

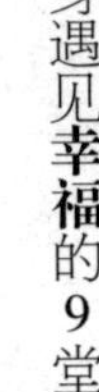

学会加法，自然快乐

在一片茂密的大森林里，住着一群天堂鸟。天堂鸟王有300个妻子，但它把300个妻子都抛弃了，爱恋上了一只鹦鹉。

鹦鹉最喜欢吃甘露和一种美味的果子，每天清晨天堂鸟王都踏着露水，到森林深处去汲取甘露并寻找那种果子。

森林边上有一个王国，这个王国的国王患了重病，久治无效。有一天，他在梦中见到一只巨大的天堂鸟，居然用人话对他说："您的病只有用天堂鸟的肉才可以治。"国王早上醒来想起这个奇怪的梦，马上告诉了王子。

王子听了，立刻命令全国的猎人都去林子里捕捉天堂鸟。王子还说："要是有谁能捉到活的天堂鸟，我父王将把小女儿也就是我最小的妹妹许配给他，并赏他黄金1000两。"

于是，猎人们纷纷出去搜寻天堂鸟。有一个猎人发现了天堂鸟王和鹦鹉，一连几天，他都悄悄地跟在天堂鸟王的后面，发现它常去给鹦鹉采果子。为了能捉到活的天堂鸟，猎人想出了一个好办法，他将拌了蜜糖的面粉调成糊状，抹在天堂鸟王常常经过的大树的树干上。

天堂鸟王发现了这种甜食，心想鹦鹉一定非常爱吃，就带回一些给鹦鹉，鹦鹉果然非常高兴。就这样，天堂鸟王每次去采果子的时候都要带点这种甜食回来，慢慢地也习以为常了。

过些时候，这位猎人见时机已到，就把同样混有蜜糖的面糊抹在自己身上，装死倒在地上，一动也不动。

天堂鸟王像往常一样走过来取这种面糊，冷不防猎人一跃而起，以极快的速度抓住了天堂鸟王。

天堂鸟王知道自己跑不掉了，就对猎人说："你这样千方百计地抓我，想必是有利可图的，我可以告诉你一座宝藏，它的价值难以估计，拥有它，你一辈子，甚至你的儿子、孙子，都不会受穷了，你放了我吧！”

猎人不肯答应，他说：“你的话可靠吗？国王已经答应要赏给捉住天堂鸟的猎人1000两黄金，还许诺将女儿嫁给他！我能信你的话吗？”猎人说着就把天堂鸟王捆起来，准备献给王子。

天堂鸟王被猎人抓到王子面前，它用人话对王子说：“仁慈的王子殿下啊！请您听我说，给我一点水，我对着它念过咒语以后，喝了它就可以治百病，您父王的病也能治好。若是没有效再杀了我，吃我的肉也不迟啊！”

王子一想也有道理，便同意了，他拿天堂鸟王念过咒语的水给父王喝。久病不愈的国王喝了这种神奇的水后，立刻觉得精神抖擞，身体恢复了健康，而且变得更加年轻，光彩照人了。王子又把水分给宫里其他有病的人喝，结果他们个个都变得身体健康、神采奕奕。大家都很高兴，说：“幸亏王子没杀天堂鸟王，才能得到它念过咒的仙水，医好这么多有病的人。”

天堂鸟王又对醒来的国王说：“大王啊！我医治了宫里那么多人的病，但外面还有很多百姓忍受着疾病的折磨。我要对附近的湖施法术，念咒语，这样整个湖的水都可以治病，全国老百姓喝了湖水，任何病痛都可以痊愈了。若不灵验，您可用棍杖打断我的脚。”

国王答应了。

天堂鸟王来到湖边，跳到湖中，念了一遍咒语。

王国中的老百姓饮了湖水之后，聋子听见了声音，瞎子看见了东西，哑巴开始唱歌说话……人间的一切疑难病症统统消失了。老百姓们欢天喜地，他们得到了天堂鸟王这么大的好处，心里都非常感激。

天堂鸟王见自己的杀身之祸已经去除，便飞到树上，对王子说：“王子殿下，您可知道这世间有3个人是最傻的？一个是我，一个是捉我的猎人，还有一个就是殿下您。”

王子问：“此话怎讲？”

天堂鸟王说：“人们都说美色如同烈火，那火是会烧毁自己的性命的。我有300个妻子，却不好好珍惜，还要舍弃它们，千方百计地想要娶鹦鹉为妻。每天清晨、晚上，为了寻找它爱吃的果子，我跑来跑去就像差役一样，因为这样才被猎人捕获，差点儿送了自己的性命；我说猎人傻，是因为在他捉住我时，我曾经真心诚意地对他说我知道一座秘密的宝藏，可以给他一山的金银珠宝，可是他不珍惜这实实在在的一山金银珠宝，却偏偏听信国王的欺人之言。您看！国王的病早就治好了，可是他还提不提许给猎人的承诺？猎人相信国王的谎言，放弃了一山的宝藏，不是很愚蠢吗？而殿下您，费了那么大力气才得到我，凭借我奇妙的医术，治好了您父王和全国百姓的病，可是殿下您竟然不珍惜，轻易地把我放了，这就是殿下您的愚蠢了！”说完，天堂鸟王拍拍翅膀，腾空而去。

人活着，其中的一个目标就是体验快乐，快乐体现在一种线性的过程中，它断断续续、或柳暗花明、或承前启后。

快乐的来源在于你自己定的人生坐标以及你如何珍惜你所拥有的点滴。如果你把人生坐标定得太高，你的眼光就会仰视，而忽略了身边的许多美好，你将永远在自己的标准下郁郁寡欢。生活中，我们每个人总是羡慕别人所拥有的一切，总是埋怨自己得到的太少。这样，人生的幸福就因为羡慕和埋怨而锐减，却从来不懂得珍惜身边拥有的，而去拼命追求不属于自己的东西。当所拥有的东西失去时才追悔莫及，剩下一串串哀伤的回忆。

例如，我们总是期待过上奢华的生活，一味地追求外在的浮华和美丽，追求那种高质量的物质生活。然而，随着时间的推移，所有的光华渐渐褪去，我们才会发现平淡生活下面的真实与自然，才会明白什么是人世间最美的东西，什么是值得我们去珍惜、去追求的东西。人要学会珍惜身边所拥有的一切，去感受生活中的点滴幸福。

带着感恩的心上路

在生活中，我们要习惯感恩，而非乞求。喜欢乞求的人，在潜意识里都有着一种依赖心理，于是就有了一种心理暗示。

安是一个被父母抛弃的孩子，在孤儿院里长大。

到了四五岁的时候，她发现自己不能像其他小朋友那样自由地运动，因为她患有严重的先天性心瓣膜缺损，如果活动量大就会引起心脏缺氧而导致昏迷，而且随时都会有生命危险。

安19岁那年在伦敦读大学，在一个午后，她在学校图书馆里认识了杰，两人一见钟情。

一天，杰告诉安，他的父母会在两天后从曼彻斯特来伦敦见她。晚上，安兴奋地把这个好消息告诉了孤儿院院长。院长沉默了很久，然后说："安，你是不可以爱别人，也不能和别人结婚的，因为你的心脏不允许你这一生过婚姻生活。"

这对安来说真是一个晴天霹雳，安大声哭喊道："可是我爱杰，我愿意为他牺牲所有的一切。"

"我知道，亲爱的孩子，但是如果那样不仅会要了你的命，而且也不会带给他幸福。"院长的语气里充满了怜悯和无可奈何。

安哭了一整晚。

院长说得没错，她无法给杰他们都幻想的美好的婚姻生活，甚至连孩子都不可以为他生，可是杰却那么喜欢孩子。第二天，安没有去学校，只是给杰寄了一张便条，告诉他自己不能去赴他的父母之约了。

安收拾了一些简单的行李来到了长途车站，想永远离开这个地方。在售票口，安看了一下客运线路图，于是决定去最遥远的泽西。泽西是英吉利海峡上一个古老的小岛，属于英国的领土，却临近法国海岸。

在车上，和安挨着坐的是一个年轻女孩，活泼而且美丽，她叫哈维蓝，是一个年轻的演员。她告诉安，她的父母在泽西认识并且相爱，所以每年全家都要去泽西岛。

哈维蓝说："父亲说要在我每个生日的晚上向上帝感恩，感谢他给了我们幸福的生活。"安强忍着泪水听着哈维蓝讲话，内心很矛盾地想：这个女孩可真幸运。

车终于到了目的地，就在等轮船的时候，安发觉自己忘了带药，好心的哈维蓝对她说："不要着急，我知道这附近有一家药店。"说完后急急忙忙地向大街跑去。安看着哈维蓝如此轻盈奔跑的背影，也就是在那个时候，一辆急速行驶的货车冲了出来，然后听到的是很响的刹车声。安的心突然揪了一下，然后整个人都瘫倒在地上，她好像看见了哈维蓝的金发像天使的小翅膀一样散飞在强烈的阳光里。

当安从昏迷中清醒过来的时候发现杰守在她的病床前，她想起了所有的事情，于是连忙问杰："还有个女孩呢？她叫哈维蓝。"

"她已经去世了。"杰低声回答着。

安的心在隐隐作痛，她下意识地伸手去找枕头边上的护心药，就在这个时候杰说："安，不用了。哈维蓝的心脏已经在你的身体里了，是她的父母主动这么要求的。医生除了冒险给你做心脏移植手术外已经没有第二条出路了，感谢上帝，他们成功了。"

安呆住了，过了片刻，泪水顺着她的眼角慢慢地流下来。哈维蓝说过，她的生日是4月7日，而她死的那天也就是4月7日，命运有时候真是太不可思议了。

平静了以后，安开始寻找哈维蓝的父母，医生告诉她，那对失去爱女的夫妻在做移植手术的当天就已经离开了，他们没有留下任何联系方式。

安出院后和杰一起到了伦敦哈维蓝所在的舞蹈团打听到了她家的住址，可是去了以后却发现哈维蓝的父母已经搬家到了美国，或许他们真的需要一个新的环境来为自己的心灵疗伤吧。

换了哈维蓝心脏的安开始了自己全新的生活，几年以后，她和杰幸福地结婚了，还生下一对可爱的儿女。

每年的4月7日他们都要去泽西岛，要在靠近岛上的圣奥宾湾的一家小酒吧里一直待到打烊，因为那曾经是哈维蓝一家每年生日聚会的地方。但是对安而言，这不只是一种怀念的方式，更是一种期盼。

在第15个4月7日的夜晚来临的时候，在圣奥宾湾的一个小酒吧里，一对老夫妇走了进来，选了一个靠窗的位子坐下。

而安坐在另一边，顿时突然感到一种异样的心跳，好像有一股神奇的力量呼唤着她起身走过去。迎着两位老人惊讶但很友善的微笑，安拉过女人的一只手在自己的胸口抚摸着，让自己的心跳传递到对方的手心里，两个女人相互凝望着。安流着泪说："那年我早就已经心如死灰，本来是想到泽西找一片寂静的海水跳下去，了却余生。而她，是多么的不值得。"

"可是亲爱的孩子，现在我从你脸上看到的却全是幸福和快乐啊。"女人含着泪用收回的手抚摸着安的面容。

安说："的确我活下来了，心里装着的却是两个女孩对生活的期望，我必须要更加善待生命。"

女人接着说："那就没有什么不值得了。"随后她低声对丈夫说了几句话。

这个时候，杰带着两个孩子走过来，孩子们可爱地跟这对老夫妇打着招呼。突然，那个小一点的孩子指着窗外说："看，你们看，月亮从树后面爬上来了。"

所有人都向窗外看去，一轮新的明月正在悄悄地自棕榈树梢升起，不远处的海面平静无波，泽西4月的这个晚上给人一种特别的亲近感。

安低着头，笑着对自己的小女儿说："这真是一个该向上帝感恩的夜晚，你能为大家把这支蜡烛点亮吗，哈维蓝？"

小哈维蓝划了一根火柴，伸向桌子正中间的银烛台。蜡烛亮了，她抬起头望着周围的大人，傻傻地笑了起来，摇曳的烛光照耀在她蓝色的眼睛里，像是一颗闪烁的星星。

此刻，一曲有关感恩的乐曲正在空中盘旋，那是安对只有一面之缘的哈维蓝的感恩，是大树对滋养它的大地的感恩，是白云对养育它的蓝天的感恩。

因为感恩才让这个社会变得多姿多彩，因为感恩才让人懂得了生命的真谛。"感恩"是人对生活的一种态度，是一种良好的品德，是一番来自灵魂深处的肺腑之言。如果人和人之间缺少感恩，就一定会导致人际关系的淡漠，因此，每个人都要懂得对凡事抱着感恩之心。

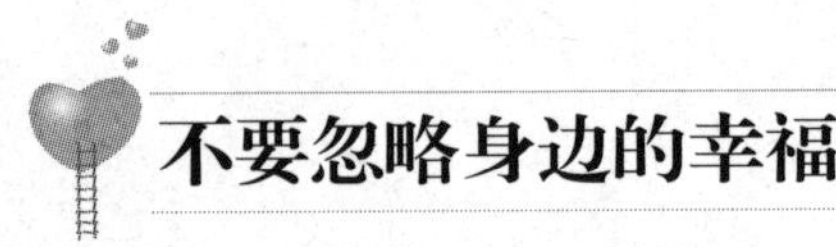

不要忽略身边的幸福

在一座小镇上有一个有钱人的房子刚刚落成了，这个有钱人十分高兴，于是大宴宾客。有位方丈受到了邀请，他带着一个小和尚一起去参加。这时，小和尚看到有钱人十分热心地招呼盖房子的人们，却对自己的孩子非常冷淡。

小和尚不解地问方丈："师父，怎么有钱人要对盖房子的人们如此亲切呢？"师父摸着小和尚的头大笑，但并没有立即回答。

在方丈和小和尚回寺院的路上，经过了一座桥，桥下流水非常急，师徒二人十分小心地走过这座桥，等过完桥后，方丈开始对着桥礼拜了。

小和尚又不解地问："师父，这里也没有佛，而且也没有其他人，您拜什么呢？"

"我这是在感谢制造这座桥的人，谢谢他们如此辛苦地造桥，他们的功劳让我们能顺利地渡过这条河，在我们接受了其他人的恩德时，要懂得感恩和报答。"

"我知道了，那个有钱人也是因为心存感恩，所以才对盖房子的人这么好。"

"你说对了，正所谓滴水之恩当涌泉相报，我们过河拜桥即是一种感恩，只有懂得知恩和感恩才能懂得惜福，也才能创造美好的人生。"

我们做任何事都应该怀有一颗感恩的心。也许是我们在这个势利的社会中生活久了，每一次都把付出与收获算得明明白白，这样的习惯使我们很难再享受到感恩给生活带来的快乐与宁静。我们应该怀着一颗感恩的心，感谢生活中的一切。

一位哲人说过："生命是一团欲望，欲望不能满足便痛苦，欲望满足后便无聊。"在现实中，我们很少去想自己已经拥有的一切，往往竭尽全力去追寻得不到的东西，好像那里有幸福和快乐在等着我们，而在力不从心地追寻过程中，却往往忽视了眼下的快乐。《内经》有言，“老闲而少欲，心安而不惧”，少一分欲望就多一分快乐。

人们对自己拥有的东西往往感觉非常迟钝，而对痛苦、忧虑、恐惧则十分敏感。例如，当你平安无事、无病无灾时，对周围毫无感觉；反之，当健康一旦丧失，感觉就十分强烈。平时，对于日光、空气和水，人们并不会特别在意它们存在的意义，可是一旦失去它们，就会感觉非常痛苦。看来，我们所谓的幸福，常常是一些我们最不能感觉到的事情。

不要经常觉得自己很不幸，世界上比我们痛苦的人还有很多。乐观的人，整日喜笑颜开，内心充满欢悦和满足；悲观的人，整天悲悲切切，内心充满抑郁与烦恼。最根本的原因，就在于他们观察生活的角度不同。对此，英国伟大的剧作家萧伯纳说，假如桌上有半瓶酒，有人高喊：“太好了，还有半瓶。”他看到的是剩下的半瓶酒，这个人就是乐观主义者。有人惋惜地叹道：“糟糕！只剩下一半了。”他看到的是半个空瓶子，这个人就是悲观主义者。同样是半瓶酒，只是观察它的角度不同，就有了乐观与悲观之分，这足以说明观察生活的角度是多么重要。

当你抱怨生活太平凡，幸福太遥远的时候，其实你只是忽略了身边一直存在的幸福。

毕业5年之后，有几位学生去拜访大学时的老师。老师问：“你们生活过得幸福不幸福？”

一句话勾出了学生们的满腹牢骚，大家纷纷诉说着生活的不如意：生活太平凡，工作压力大，烦恼多，婚姻不如意，生意不顺当，仕途受阻……一时间，大家仿佛都成了上帝的弃儿。

老师又问：“那么，你们认为幸福的生活应该是怎样的？”

有人说拥有一个体面、轻松的工作，有人说一定要娶一个漂亮的老婆，有人说最好日进斗金，有人说在官场上飞黄腾达……

老师说：“你们不快乐是因为想要的幸福太遥远。”然后，老师给他们讲了一个故事：

在某个山村里有一位樵夫，他每天上山砍柴，过着平凡的日子。一天，他像往常一样上山砍柴，在路上捡到一只受伤的银鸟。小鸟全身长满闪闪发光的银色羽毛,他欣喜万分地赞道:“真美！你一定就是传说中的银鸟！”

樵夫把银鸟带回家,精心地替银鸟疗伤。银鸟每天都会唱歌给樵夫听，它的悦耳歌声驱散了樵夫的疲劳和空虚。樵夫变得很快乐。

有一天，邻人看见了樵夫的银鸟，告诉樵夫他曾经见过金鸟，金鸟比银鸟漂亮不知几千倍，而且歌也唱得比银鸟更好听。

樵夫心想，原来世界上还有金鸟，如果能得到金鸟，那该是多么幸运和幸福的事情。从此，樵夫每天都盼望着遇见金鸟。虽然银鸟美丽的歌声依然如故，樵夫却再也不像以前那样喜欢银鸟，他也不再那么快乐了。

有一天，樵夫坐在门外，望着夕阳，想象着金鸟到底有多美。此时，银鸟的伤已完全康复，准备离去。银鸟飞到樵夫的身旁，最后一次唱歌给他听。

而樵夫仍然呆呆地望着远处金黄的夕阳，心里仍然想着：“金鸟到底有多美呢？”

听见银鸟的歌声，樵夫漠然说道：“你的歌声虽然好听，但远远不及金鸟的好听；你的羽毛虽然漂亮，但远远比不上金鸟的漂亮。”

樵夫的话伤透了银鸟的心。银鸟绕着樵夫飞了三圈，算是答谢疗伤之恩，然后朝着金黄的夕阳飞去。

樵夫望着渐渐远去的银鸟，突然发现银鸟在夕阳的照射下变成了美丽的金鸟。

原来，樵夫梦寐以求的金鸟一直就在身边，只是自己没有发现而已。然而金鸟已经飞走了，飞得远远的，它被伤透了心，再也不会回来了。樵夫后悔不已。

老师说：“许多人在不知不觉中，常常就做了这个樵夫，孜孜以求比‘银鸟’更金贵的‘金鸟’，却不知道‘金鸟’其实就在自己身边。”

这几位学生听了老师的话，陷入了沉思……

人们在抱怨生活中的诸多不如意时，却没有看见幸福其实一直就在自己的身边。人们应该学会用感恩的心态生活。有时候，满足就是一种感恩，懂得珍惜身边拥有的，你才能变成一个真正幸福的人。

| 无论是国王，还是农夫，只有家庭和睦才是最幸福的。|

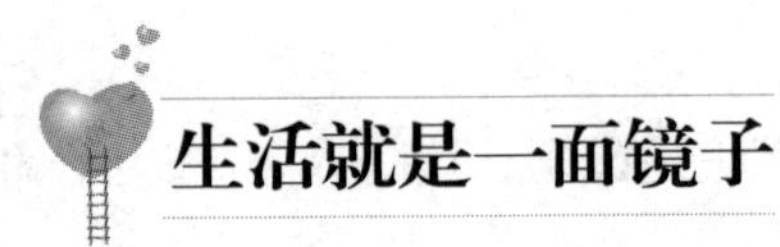

生活就是一面镜子

感恩是一个人与生俱来的本能，是一个人不可磨灭的良知，也是人健康性格的多方体现。在人生的旅途中，随时随地都可能发生让人动容的感恩之事，在日常生活、工作、学习中遇到的事或人给予的一丝一毫的关心和帮助，都值得用真心去感恩，铭记那些无私的人们和不图回报的惠助之恩。而且感恩也不只是为了报恩，因为有很多恩情是无法回报的，只有用纯真的灵魂去感动、去铭记，才能真正对得起给你恩惠的那些人。

感恩节期间，有位先生垂头丧气地走进教堂坐在了牧师的面前，他向牧师诉苦说："都说感恩节要对上帝献上自己的感谢之心，可是现在的我一无所有，失业已经有大半年了，工作找了十几次，都没有人录用我，我真的是没有什么可感谢的了！"

牧师问他："你真的觉得自己一无所有吗？上帝向来都是仁慈的，有神来爱你，你没觉得吗？那好吧，我给你一张纸、一支笔，你把我问你的问题的答案记录下来，好吗？"

第一个问题："你有太太吗？"

他说："我有太太，她没有因为我的困苦而离开我，她还爱着我。相比之下，我的愧疚也就更加深了。"

第二个问题："你有孩子吗？"

他说："我有5个非常可爱的孩子，虽然我不能让他们吃最好的、受最好的教育，但孩子们都很争气。"

第三个问题："你的胃口好吗？"

他说："哈哈，我的胃口好极了，因为没有什么多余的钱，我不能最大限度地满足我的胃口，常常只吃7成饱。"

第四个问题："你的睡眠好吗？"

他说："我的睡眠棒极了，一碰到枕头就睡到大天亮。"

第五个问题："你有朋友吗？"

他说："我有朋友，因为我失业的原因，他们经常给予我帮助，而我却无法回报他们。"

第六个问题："你的视力怎么样呢？"

他说："我的视力好极了，我能够清晰地看见很远地方的东西。"

于是他在纸上写下了这样六条：1.我有好太太。2.我有5个好孩子。3.我有一个好胃口。4.我有好睡眠。5.我有很多朋友。6.我有一个好视力。

牧师这时说："祝贺你！感谢我们的上帝，他是何等地保佑你、赐福给你！你回去吧，要记得感恩啊！"

他回到家静静地想了想刚才的对话，照照那久违的镜子，自言自语地说："我是多么的脏乱，又是如此的颓废！头发硬得像板刷，衣服也有些脏……"

后来他带着感恩的心，精神也振奋了很多，不久他就找到了一份不错的工作，生活得很美满。

感恩其实更多的时候是一种认同，这种认同是从人的心灵里面发出来的。

在一次学术报告结束之后，一名记者对数学大师霍金提出这样一个问题："霍金先生,卢伽雷病已经把你永久地固定在这个轮椅上了，难道你不觉得是命运让你失去了很多机会吗？"霍金的脸上充满了微笑，用他还可以活动的3根手指，艰难地叩击着键盘，然后显示屏上出现了4段文字：我的手指还能活动；我的大脑还能思维；我有终生追求的理想；我有爱我和我爱着的亲人与朋友。

3根手指和一个可以思维的大脑是霍金身上唯一可以活动的部件，这位人生的勇士，这位智慧的英雄除了有超人的意志以外，还可以靠什么？靠的是爱和高科技。如果没有爱他的人悉心照顾他，卢伽雷病是不会让他活到今天的。如果没有计算机，他就无法表达他的思想，他还可以把他的智慧拓展而出吗？如果没有发达的医学，他只能活动的3根手指要怎么动弹呢？如果没有强大的经济作支持，他微弱的3根手指又怎么可以产生伟大的学问呢？

所以，现在还可以完全骄傲地面对人生的霍金，在回答完记者的提问后，又艰难地在计算机上打出了第五句话："对了，我还有一颗感恩的心！"

成功的光环、胜利的喜悦，经常会让人忘乎所以，但是，永远应该铭记那些帮助过自己的人和事物。

感恩不是一种纯粹的心理安慰，也不是对现实的一种逃避状态，更不是阿Q的精神胜利法。它完全来自于人们内心对生活的期盼和热爱。在人生的道路上，不知道有多少艰难险阻等着你，而这种种的失败、苦难都需要勇敢地面对、豁达地处理。就像英国作家萨克雷说的："生活就是一面镜子，你笑，它也笑；你哭，它也哭。"只有真正地做到感恩生活，生活才可能赐予你灿烂的阳光。

多一份感恩，多一份幸福

当一个人来到这个世界上，什么都还来不及做的时候，就已经开始享受父辈们带给他物质和精神上的成果了，这也就提醒着每一个人，要怀有一颗感恩的心。

只有怀着一颗感恩的心，才能更懂得尊重生命、劳动和创造。一代伟人邓小平说："我是中国人民的儿子，我深深地爱着我的祖国和人民！"诗人艾青说："为什么我的眼里常含着泪水，因为我对这片土地爱得深沉。"

一个人向树道歉、正在行驶的汽车为狗停下了车轮，这些细节的感动都是对生命的关爱和尊重。当你每天享受着干净的环境时，是不是从来没有想过要去感谢那些保洁人员；当你搬入新居的时候，是不是忘了感谢那些建筑工人；当你公交出行的时候，是不是忘了感谢公交司机……

懂得感恩就会以一个平等的眼光看待每一个或大或小的生命，尊重身边出现的每一个人，尊重每一份平凡的劳动，也更加会尊重自己。

一个生活拮据的小男孩为了积攒学费，挨家挨户地推销自己的产品。但是他的推销进行得并不顺利，傍晚的时候他感到万分疲惫，饥饿难耐，绝望地想放弃现在的一切。

在走投无路时，他敲开了一扇门，希望主人能够给他一杯水喝。开门的是一位漂亮的年轻女子，她笑着递给小男孩一杯浓浓的热牛奶。男孩是含着眼泪把它喝下去的，从此以后他对人生鼓起了很大的勇气。许多年后，他成了一位著名的外科医生。

有一天，这位著名的外科医生所在的医院里来了一位病情很严重的妇女，医生很顺利地为妇女做完了手术，挽救了她的生命。无意中，医生发现那位妇女正是当年在他饥寒交迫的那个夜晚递给他热牛奶的年轻女子。

一直在为昂贵的手术费而苦恼的这位妇女，硬着头皮办理出院手续的时候，意外地在手术费用单上看到这样一行字：手术费=一杯牛奶。那位昔日漂亮的年轻女子没有看懂这几个字的意思，她早就已经不记得那个男孩和那杯热牛奶了。但是，这又有什么关系呢？

实际上，这个世界上有很多东西都是有共性的，这则感恩的故事给了人们一些警示：感恩是滴水之恩当涌泉相报；感恩是一种美德，也是一种境界；感恩是值得你用一生的时间去等待的一次宝贵的回报机会；感恩是值得你用一生的时间去完成的哪怕只有一次的壮举；感恩是值得你用一生的时间去完成的一次爱的教育；感恩不是为了求得内心平衡的片刻答谢，而是发自内心的真心回报；感恩可以让生活处处充满阳光，让世界充满爱。

在一个闹饥荒的城市，一个善良的面包师把这座城市里最穷的几十个孩子都聚到一起，然后拿出一个放满了面包的篮子，对他们说："这个篮子里的面包你们可以一人拿一个。在上帝带来好光景之前，你们每天都可以来拿一个面包吃。"

一瞬间，这些长时间忍受饥饿的孩子们一窝蜂地涌了上来，他们围着篮子推来挤去大声嚷嚷着，谁都想拿到最大的那个面包，当每个人小孩都拿到了面包以后，竟然没有一个人对这位好心的面包师说一声"谢谢"就匆匆离开了。只有一个叫依娃的小女孩，她没有和大家一样去抢面包，也没有和他们争吵。她只是一再地谦让，而且站在一步以外，等别的小朋友都拿到后，才把剩在篮子里最小的一个面包拿起来，但是她并没有像其他孩子一样匆匆离开，而是向面包师表示了感谢，并且亲吻了面包师的手后才向家的方向走去。

第二天，面包师又把放满面包的篮子放到了孩子们面前，但是其他孩子还是像昨天一样疯抢着，可怜的依娃最后只拿到一个比前一天还小一半的面包。当她回家后，妈妈切开面包，结果很多崭新的银币掉了出来。

妈妈惊讶地叫喊道："快，快，把钱给人家送回去，一定是在揉面的时候不小心揉进去的。快去，依娃，赶快去！"当依娃把妈妈的话告诉面包师时后，面包师露出了慈爱的笑容，对她说："不，我的孩子，不是这样的。是我故意把银币放到小面包里的，我要奖励你。我希望你永远都可以保持

像现在这样一颗坦然、感恩的心。回家去吧，告诉你妈妈这些钱都是你的了。”她兴奋地跑回了家，告诉妈妈这个让人高兴的好消息，这是她的感恩之心得到的应有的回报。

学会感恩，注定有一天会得到回报。感恩也是成功的第一步。只有带着一颗感恩的心，才可以体会到自己的职责。在如今的社会中，每个人都有自己必须要完成的职责和要实现的价值。“2004年感动中国十大人物”之一的徐本禹走上了银幕，他放弃了优越的工作环境义无反顾地从繁华的城市走进了大山，这一看似很普通，却是大多数人都做不到的壮举，刺痛了每一个人的眼睛，也点燃了每个人内心深处未点燃的火种。而让他作出这样一个选择的理由很简单：怀有一颗感恩的心。徐本禹用他那颗感恩的心，为大山里的孩子铺就了一条爱的道路，点燃了无数孩子的希望，完成了他给自己的一份职责，实现了他的人生价值。

怀有一颗感恩的心，不仅仅是简单的忍耐和承受的问题，而是以一种宽容、积极的心态去勇敢地面对自己的人生，相信最温暖的日子来自寒冷，但是更相信最温暖的日子其实是对寒冷的一种理解，是在感恩中的一份感动。一个人要学会感恩，对生命和生活抱有一颗感恩的心，这样才能真正快乐起来。一个人如果没有感恩的心，那么他的内心就是空洞的，更谈不上成功和幸福了。

韩信小时候家里十分贫寒，父母又双亡。他尽管很用功地读书，也拼命地习武，但是挣钱的本事却一个也不会。无奈之下，他只好到别人家吃“白食”，所以经常遭到别人的冷眼。韩信心里很委屈，就来到淮水边钓鱼，后来就用鱼换饭吃，常常饥一顿饱一顿。淮水边上有一个老奶奶为别人漂洗纱絮，人们都称她为“漂母”。她见韩信经常挨饿觉得很可怜，就把自己带的饭分一半给韩信吃。长此以往，天天如此，从没有间断过，韩信从那个时候起就发誓要报答漂母的恩情。后来，韩信被封为“淮阴侯”，他对漂母分食之恩一直没有忘怀，就派人四处寻找，最后以千金相赠。这就是“一饭千金”成语的由来。

每个人都应该感谢那些生命中往来的路人，他们在不经意中给了你一份陪伴；感谢他们，你生命中的诗人、学者，是他们让你懂得知识的宝贵之处；感谢他们，在你生命中出现的朋友们，正是因为快乐有他们的分享，悲伤有他们的倾听，才使你更加懂得生活的珍贵；感谢他们，你至爱的亲人，在人生的旅途中，默默地守护着你，为你挡风遮雨，让你在被爱的过程中也学会了如何去爱别人。要感谢所有让你一步步踏上成功和幸福道路的人。

生活不会冷落善良的人

经常发现有很多人在时光的磨蚀中总是患得患失、唉声叹气，为了自己已经逝去的青春，为了已经不再美丽的容颜，为了在疲惫中不断挣扎的生活。对于别人的苦难和不幸却总是冷眼相看，不为所动，不是心已经麻木，而是缺少了一颗善良的心，所以不能善待自己，更不能善待别人。

事实上，不管岁月如何斗转星移，都应该一直保持一颗善良、感恩、健康的心才可以得到永远的快乐，这也是保持青春活力的独门秘方。不难想象，一个处处处心积虑、心怀不轨的人，不但周围的人不会对其伸出友好之手，而且他自己的内心也不会平静和从容。

一个中年妇女一直和儿子相依为命，女人多年患有严重的心脏病，近来她突然感觉自己剩下的日子可能不多了，觉得自己在人生将要走到尽头时应该对社会做些什么事情。于是，她决定在自己死后把眼角膜捐献出去。

她告诉儿子自己要去深圳捐献眼角膜，儿子起初不同意，在她的再三劝说下，儿子在经过激烈的思想斗争之后，觉得母亲很伟大，还是点头同意了。

母子俩经过长途跋涉，终于到达了武汉，可是一上火车，女人的心脏病就犯了，心开始剧烈地疼痛。于是列车员播放了广播，希望有懂医学的旅客，或者身上带有治疗心脏病药物的旅客伸出援手。可是却没有。

列车员为了保证她的生命安全，要求她在下一站下车，并为她联系好了救护人员和车。

下一个小站到了，站台上的救护人员和车辆也已经准备好了，火车停下来，女人说什么也不愿意下车，列车也不能因为她一个人就长时间滞留，但是为了这位母亲，列车已经是破例晚点出发了。本着负责任的态度，列车长对女人说要求她签一份协议，大意就是如果出现了生命危险，列车不承担任何责任。

儿子在母亲的百般央求下，还是和列车长签订了这份协议。

列车上的广播员也在一遍又一遍地重复着寻找医生旅客和治疗心脏病的药物，可是依然没有人回应。前方不远，列车到达了长沙站，这次乘务人员还是给她联系好了医院和救护人员，并准备强行将她带到地上去医院治疗。

女人说什么也不肯下车，她已经算过列车到达深圳的时间，即便自己死在车上，列车到达深圳的时间也足够了，她的眼角膜也可以在摘除后不失效，在这期间，列车员也和深圳的医院联系过。

大家都焦急万分，可是谁都束手无策。

在长沙上来的旅客中有一个懂医学的，这位旅客看了她的病情后，让她以最好的姿势坐好，然后打开车窗，新鲜的空气进来以后，这位母亲的病情慢慢好转了。

第二天，列车终于到达了深圳，负责眼角膜捐献的医生迅速赶来迎接这位令人感动的母亲，她一见到医生，就要求立即进行眼角膜手术。医生告诉她说不要太着急了，捐献眼角膜也不是说捐就可以捐的，得先做一遍详细的检查才可以。

住院后的两三天里，母亲的病情有了改善，到医院做了一遍详细的检查，医生发现她的心脏病的确很严重，但并不是不治之症，就和医院领导商量给她做心脏手术。

当然手术是免费的，因为人们都为这位母亲的崇高精神深深地感动和震撼着。

手术进行得很顺利，但这位母亲还惦记着捐献眼角膜的事，医生说："捐献是可以的，但是您的病都好了，我们怎么能在这个时候摘除您的眼角膜呢？一般我们摘除角膜都是在人死后。您别着急，既然您已经决定要捐献眼角膜了，以后什么时候都可以。将来也不一定非要跑到深圳来捐献。"

就这样，一位临终的母亲出于一种伟大和无私，冒死前去捐献自己的眼角膜，结果眼角膜没有如愿地捐献成，反而免费将自己多年认为的不治之症彻底根治了。

可见，当你带着一颗善良的心去做每一件事的时候，即便不求什么回报，生活也终将会垂青于你。

宽容别人也是宽容自己

宽容是冬日里照射出来的一缕阳光，让误解这座冰山慢慢地融化；宽容是一座在黑夜里点亮的灯塔，使迷失者找到航行的港湾；宽容是一缕飘飞在大地上的清风，给大地万物送去一丝凉爽……

宽容不但体现了一种胸襟，也体现了一种智慧，宽容者，人恒爱之，人恒敬之。何乐而不为?

在一个和暖的午后，韩青的母亲在家门口剥着花生，偶然间说起了3年自然灾害和在这场灾害中遭受的饥饿和困难。她说，邻村有一个二十几岁刚刚做了母亲的女人，因为实在不忍心看到自己的孩子挨饿，做了一件她一生中最可耻的事情，跑到邻居家偷了一茶杯分量的炒米，用衣襟兜着正准备走的时候，没想到和中途回家的主人撞了个满怀。主人一阵大呼小叫引来了全村人的围观，在那个年代，强盗和娼妇是最让人看不起的，看热闹的人群把惭愧万分的少妇团团围住，羞辱声、谴责声把少妇脆弱的心生生地撕碎了。这个时候双手蒙面的少妇突然冲出了人群，转眼间一头扎进了不远处的池塘里。这一切都是在瞬间发生的，等到慌乱中的人们七手八脚地把她捞起来时，她已经断了气。那时，刚刚会走路的孩子看到睡在地上的妈妈便一头扑了上去，掀起母亲身上湿漉漉的衣服，死命地吮吸起母亲还带着余热的乳头。

听到这里，韩青不禁心酸不已，泪水止不住地往下流，在那个多灾多难的年代，大家都不容易，为什么不多一份宽容呢?想到这里的时候，韩青的母亲又给她讲了第二个故事：

20世纪60年代的生活是很辛苦的，当时父亲在县农机厂上班，他的工作单位属于重工业单位，所以要求的工作量比较大，每个月工资有24元，这在那个时候的农民眼里是一件非常了不起的事情。虽然如此，但是因为孩子比较多，仍然需要母亲精打细算，掺杂一些野菜、粗粮过日子。然而没过多久，母亲就发现缸里的米每天都在减少，但是每天少得并不多。母亲是一个很细心的人，有一天做上记号后依然发现米被动过了——这肯定是有人偷了，这个人是谁呢?

过了几天，父亲突然有事提早回家了，看见隔壁的女房东正顺着梯子从楼上下来，手中还拿着盛米用的碗，父亲尽管很意外，但是冷静之后，还是叫她不要害怕。女房东顿时满脸通红。父亲那天跟母亲说这也是没有办法的事情，也不必和别人提起，房东家的孩子一个个饿得像皮包骨头，还吩咐母亲明天送点米过去。女房东从那以后见到韩青一家就满脸通红，并且有很长一段时间去了她的妹妹家。也许在她的一生中，永远都记着这件事，并且永远感激着韩青一家。

宽容的人就像“将军额上能骑马，宰相肚里能撑船”一样的大度，让犯错的人有重新面对生活的机会。或许一个微笑、一句肺腑之言、一个温柔善良的眼神，就可以让“迷途的羔羊”找到回程的方向，得到真、善、美。这样一来，宽容就成了人和人之间沟通和理解的一座桥梁，成为体谅他人的一根纽带。

1874年11月30日晚，在伦敦的布伦海姆宫里灯火辉煌，一群贵族男女在这里翩翩起舞。这个时候，有一位开朗、漂亮的贵族夫人突然觉得肚子疼痛，于是大家赶忙把她扶到了最近的一个临时女更衣室里。一个早产儿——温斯顿·丘吉尔就这样非同寻常地来到了这个世界。

丘吉尔是英国贵族公爵马尔巴罗家族的后代，在英国贵族里面，除了王室外，公爵家庭一共不超过20个，马尔巴罗家族按封爵次序名列其中第十位。丘吉尔的母亲詹妮是美国百万富翁杰罗姆的女儿，1873年与丘吉尔的父亲伦道夫结婚，1895年1月24日伦道夫病逝，终年46岁。这个时候的詹妮尽管已经40多岁了，却依旧风姿绰约，不久后，她就有了一个大胆的想法——嫁给一个25岁的男人。但是这个消息一经传出，立刻遭到了众多亲友的极力反对。就在詹妮快要放弃的时候，詹妮25岁的儿子、和母亲要嫁的人同岁的丘吉尔，坚毅地握着母亲的双手，说："亲爱的妈妈，就算全世界的人都反对您，我也会勇敢地站在您这边，所以，请您也一定要勇敢地生活下去。"儿子支持、坚强的目光，让詹妮义无反顾地披上了婚纱。

但是这桩婚姻并没有维持很久。十几年过去了，丘吉尔已经凭借自己卓越的才华跻身政坛。而这个时候，已经60岁的詹妮也要再次举行婚礼，这次的决定同样遭到了众人极力的反对，特别是儿子的那些反对派们。詹妮这一次犹豫了，因为这次和上次有所不同，丘吉尔自小就有雄心壮志，并且具备实现远大理想的能力。她不想因为自己耽误了儿子的前程。但是，让她意想不到的事情发生了，丘吉尔再次握住了她的双手，说："如果让我在仕途和母亲的幸福中作出一个选择的话，我心甘情愿地放弃我的仕途。请您不要再有什么顾虑，母亲幸福，我才能够幸福。"詹妮再一次无比幸福地迈入了婚姻的殿堂。在婚礼上，丘吉尔和上次一样站在母亲的身边，而另一边是比儿子还要年轻的36岁的新郎。能够两次接受母亲不同寻常的婚姻，或许很多人都难以做到这一点，而面对如此沉重的压力，丘吉尔两次接受了和自己年龄几乎平等的人做自己的继父。

1908年8月，34岁的内阁贸易大臣温斯顿·丘吉尔先生和23岁的克莱门娜·霍齐娅小姐结婚了。举行婚礼的那天，宾朋满堂，欢歌笑语，热闹非凡。证婚人是财政大臣劳合·乔治，而他选择的男傧相却是他在下院的一个反对者——休塞西尔勋爵。当时丘吉尔推行一系列争取工人拥护的社会改革，但包括休塞西尔勋爵在内的贵族集团，坚决反对丘吉尔的这项改革。在英国的政治生活中有一个很有趣的特点：人们可以在下院和政治集会上相互指责，提出自己不同的观点，如同仇敌，但是在生活中却可以成为亲朋好友，相敬如宾。在政治生活中尽管是公敌，但却不妨碍他们在私人生活中的伟大友谊。

恩格斯在《在马克思墓前的讲话》中说过这样一句话："马克思是当代最遭嫉恨和最受污蔑的人……而我敢大胆地说：他可能有过许多敌人，但未必有一个私敌。"

这就是宽容的意义，对每个人而言，宽容很多时候可能比自由更重要，这份宽容来源于对每个人权利的尊重：我尽管不赞成你的看法，但我坚决捍卫你发表自己看法的权利；我尽管不支持你的做法，但我坚决维护你合法做事的自由。

“人非圣贤，孰能无过？”就算是犯了弥天大错，也不必冷眼相看、落井下石、恶语中伤，毕竟“过而能改，善莫大焉”。而且在宽容别人的同时，也宽容了自己，升华了自己的人格魅力。

宽容是和谐社会的一把钥匙，是和谐社会的基本要求。只要每个人都懂得宽容、学会宽容，社会就多了一份安宁，也多了一份欢笑与和谐、安定的幸福。

狭隘的心胸只会限制自己的发展

1831年的一天，巴黎街头广告登出了匈牙利钢琴大师李斯特将要举行个人演奏会的消息，剧场门口人头攒动，门票很快就一售而空。

演奏会那天晚上，剧场里早早就坐满了观众，紫红色的帷幕徐徐拉开，明亮的灯光下，风度翩翩的李斯特身着燕尾服，潇洒地向观众致意。台下掌声雷动，李斯特转身坐在钢琴前，摆好了演奏姿势。

按照当时音乐会的习惯，剧场里的灯全部熄灭了，在一片黑暗中，听众们憋息静气，闭上眼睛，全神贯注地欣赏音乐家的演奏。

琴声响起，熟悉李斯特演奏风格的观众忽然发现，他今晚的演奏与以往大不相同。这天的琴声是那样的深沉淳郁，没有一丝一毫追求表面效果的东西，听众们如痴如醉，完全被那美妙的音乐征服了。人们在心里感叹着，李斯特的演奏又进入了一个新的境界。

演奏结束，灯火重明，人们跳起来，兴奋地高喊："李斯特！李斯特！"可是，接下来，大家却惊愕地发现，舞台上坐的根本不是李斯特，而是一位眼中闪着泪花的陌生的青年。李斯特上台向大家介绍这位年轻的钢琴新星，他就是肖邦。

这年，年轻的波兰作曲家肖邦只身流亡到法国巴黎。虽然肖邦才华出众，但是在陌生的巴黎，一个没有名气的演奏者根本得不到公开演奏的机会。

一个偶然的机会，肖邦结识了当时已誉满巴黎的钢琴家李斯特。两人一见如故，当时的李斯特在巴黎上流文艺沙龙中已是遐迩闻名的骄子，他对肖邦的才华大为赞赏。胸怀宽广的李斯特并不担心肖邦被公众认识后会抢了自己的风头，而是真心实意地想帮他登上舞台。于是，李斯特以自己的名义举办了这场演奏会，剧场里的灯光熄灭后，他就让肖邦坐到舞台上代替自己演奏。

李斯特用这样的方式把肖邦介绍给了巴黎听众，使肖邦一鸣惊人，成为

“钢琴家中的第一人”。

一颗明亮的音乐新星在这晚升起，而且钢琴诗人肖邦的横空出世，并没有影响李斯特本人的成就，钢琴之王李斯特凭借他豁达的心胸、独特的个人魅力，在音乐的天空中与肖邦相映成辉。

春兰秋菊尽含香，世界那么大，每个人都有自己独特的闪光点，谁都不要妄想一个人独占整个天空的光芒，自己张扬个性的同时，也要给别人留一份展示的舞台。

在这个世界上，那些谦虚、豁达的人总能赢得更多的知己，而那些妄自尊大、心胸狭隘的人则会令人反感。没有人希望被别人踩在脚下，总想着踩低别人显示自己的人，不会得到真正的朋友。

在交往中，每个人都希望得到别人的肯定。一枝独秀虽然也很美丽，但万花齐放才能构成美丽的春天。帮助自己的对手不会让你的道路变窄，狭隘的心胸才会限制你的发展。

拥有一个和自己旗鼓相当的对手，就能够在不断的比较竞争中努力地提升自己，给自己向上的动力。在你忙于打压身边可能对自己造成威胁的对手时，自己的事业也会停滞不前。不前进就是落后，在你停止前进的时间里，会有更多的人从你身边跑过，而真正有才干的人也不会被你打压下去。如此，到最后，落在后面的只有你一个人而已。

老程是机关里有名的“笔杆子”，凭借一支生花妙笔写过许多精彩的报告，深受领导的赏识。平日里，老程也总是口若悬河、滔滔不绝，总觉得自己比一般人有思想、有深度，喜欢向别人宣讲自己与众不同的观点。

这天，老程又向一群刚进单位的新人大讲特讲自己对某件事的看法，偏离主流的奇异观点引得几个新人露出了崇拜的神色，老程心里更是得意了。

正讲到得意处，新人小元忽然开口打断了他自以为是的论断，举出充分的实例驳倒了老程偏激的言论，老程顿时就觉得脸上无光，与小元激烈争论起来，且言辞刻薄，冷嘲热讽，完全没有一个前辈该有的风度，在场的人都对他毫无素质的表现十分惊讶。

之后，老程就处处找小元的麻烦，尤其是当他发现小元的文件写得很好，内容深刻且文采斐然时，他更加担心小元会威胁到自己的地位。于是，他在平日里想方设法刁难这个年轻人。

年轻气盛的小元在出现了几次交上去的文件被他弃之不理的情况以后，便越过老程直接把文件交给了上一级领导，领导不仅采用了小元写的文件，还批评老程不能容人。最后，老程打压别人不成，还落下了嫉贤妒能、不能容人的恶名。

越是有涵养、稳重的成功人士，态度越谦虚，心胸越豁达。相反，只有那些浅薄、狭隘的人，才不能容许别人超过自己。

在人生的舞台上，那些豁达、宽容的人在帮助别人的同时，总能给自己赢得更多的知己和成功的机会。那些妄自尊大、炫耀自己、贬低别人的人，则会令别人反感厌恶，最终使自己在交往中到处碰壁，阻绝了自己的成功之路。要想在人际关系网中更加游刃有余地赢得友谊，必须提高自己的个人修为，放低自己，给别人留一块舞台，让自己的能力在良性的竞争中不断得到提高。

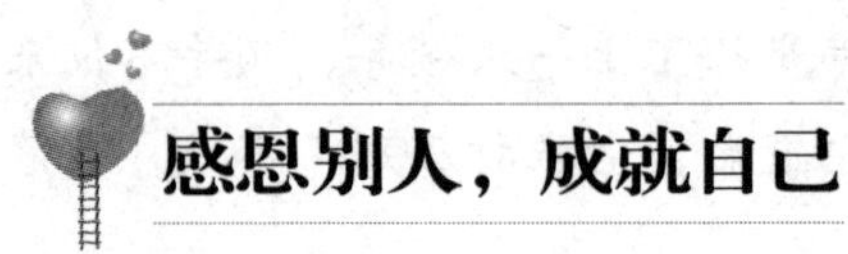

感恩别人，成就自己

曾经在美洲大陆活跃的人类部落之一的美洲印第安人部落，一度沿袭着感恩节庆活动，一年举行6次感恩节庆典，依照不同时节举行感恩仪式。这证实了人类社会很早以前就有感恩活动存在，同时也可以证明，自古人类就有感恩之心、感恩之举。这在华夏文明中也有体现。《诗经》中有云："投我以木桃，报之以琼瑶。"由此可见，感恩是一种美德，是受古人推崇的。拥有美德的人，往往距离成功很近，而且这种美德是成功者必须具备的。

当今世界上最成功的潜能开发专家安东尼·罗宾讲过这样的故事：

在一个感恩节的早上，有一对贫穷的夫妇在发愁，这对贫穷的夫妇就是安东尼·罗宾的父母。他们不知道该如何以感恩的心带着孩子们度过这一天，因为家中连最基本的感恩节的食物都没有。不一会儿，这对年轻的夫妇就为了这件事争吵起来。而这一幕恰恰被家里的长子安东尼·罗宾看在眼里，但是年幼的他对此事也无计可施。

就在这个时候，一阵沉稳有力的敲门声响起，罗宾走过去应门。一打开门，一个高大的男人便出现在罗宾的眼前：他穿着一身皱巴巴的衣服，却满脸笑容，笑得阳光灿烂。这个高大的男人手里还提着一个大篮子，大篮子里面是各种各样感恩节的食物：一对火鸡和要往火鸡肚子里面塞的面包屑，还有厚饼、甜薯、玉米及各式罐头和水果等，全是感恩节大餐必不可少的物品。

安东尼·罗宾一家人望着这位不速之客，心里都不知道是怎么一回事。那个高大的男人自己开口了，他说："这些东西是你们的一位朋友委托我送过来的，他希望你们知道有人一直在关心你们。"

刚开始，父亲极力推辞，不肯接受感恩节的礼物，但是高大的男人说："我也只不过是个跑腿的。"然后微笑着把大篮子搁在安东尼·罗宾的臂弯里，转身离去，身后还飘荡着一句“感恩节快乐!”

安东尼·罗宾说，从那天起，他的人生就不一样了。别人的一个关怀，让他懂得了生活中存在着希望，随时有人在关心着他们，即使是一个“陌生人”。

这件事使安东尼·罗宾心怀感恩，他那颗感恩的心被唤醒了。从那一刻起，他就下定决心，以后也要用同样的方式去帮助其他需要帮助的人，用感恩来回报周围的人，用感恩来对待生活，用感恩来面对人生。这种心态为安东尼·罗宾后来的成功奠定了基础。

到了18岁时，安东尼·罗宾终于有能力兑现当年的许诺。尽管当时他的收入还很微薄，但是在感恩节他还是买了很多食物，不是为自己过节，而是去送给极需要这些食物的家庭。

安东尼·罗宾假装成一个送货员，穿着老旧的牛仔裤和一件T恤，自己开着辆破车亲自去送。他到达一处破落的住所时，前来开门的是一位年轻的妇女。她用带着提防的眼神看着他。这个女人有6个孩子，不久前，丈夫抛弃了她们，不辞而别，现在这个家庭正处在面临断炊的关头。能在这个危急时刻收到感恩节的礼物，足以令这个不幸的家庭中的成员兴奋了。

安东尼·罗宾面带笑容，开口说：“女士，我是来送货的。”随后转身，从车上拿出了装满食物的袋子和盒子。里面有一对火鸡、火鸡肚子里塞的面包屑、厚饼、甜薯及各式罐头、水果。看到这些，那个女人当时就呆住了，孩子们高兴地爆出了欢呼声。

这位年轻的母亲回过味来，对这个年轻人充满了感激，捉住了他的手臂，激动地喊着：“你一定是上帝派来的！”安东尼·罗宾有些腼腆，他辩解说：“哦！不！我只是送货的！是你的一位朋友要我来送这些东西的。”随后，取出一张字条给年轻的母亲。字条上写着：“我是你们的一位朋友，愿你一家都能过一个快乐有意义的感恩节！也希望你们知道有人在默默地爱着你们。若今后有能力，就请把这样的礼物同样转送给其他需要帮助的人。”

安东尼·罗宾把那些感恩节的食物一样一样搬进屋子里，在孩子的欢呼声、年轻妈妈的感激声中，他觉得非常快乐。离去时，仍然沉浸在人与人之间的亲密之情中，想起那个年轻妈妈家里的张张笑脸，他为自己有能力帮助他们，内心存有一股感恩之情。

感恩的心态一直伴随着安东尼·罗宾，从那一次收获的快乐，到后来不间断地现身说法、以身作则地感恩之举。使这个昔日的穷小伙儿获得了事业上的巨大成功并积累了巨额财富。是那些微小的感恩之举，最终成就了安东尼·罗宾的成功，他不仅有了事业，更赢得了荣誉、财富，并组建了幸福的家庭。安东尼·罗宾一跃成为全球最受欢迎的潜能开发大师，成为最成功的潜能开发专家。

感恩是一种美德，古人云："知恩图报，善莫大焉。"感恩带来的社会反应对个人来讲，更是"莫大"的"善"。因此，感恩带来的社会意义和价值，远远大于做成事情的价值。

第四课

快乐就藏在分享的途中

当你获得成功时，你会快乐；当你帮助他人时，你也会快乐；当你与别人分享快乐时，你会更快乐。正如你将香水喷洒在别人身上，自己也能收获屡屡清香。

允许自己被他人“利用”

生活当中经常会听到这样的话：我被某某利用了。说这些话的人，心里大概很不舒服，好像别人踩着他的肩膀上去摘取了果实，徒留泥土脚印在他的肩上。但是，换个方向想想，能被人利用，就表示自己有值得被利用的价值。虽然一时之间看似只有别人得了益处，其实自己的能力也得到了锻炼，自己的努力得到了肯定，也已经从中获益。

大多数人都不喜欢被别人利用，主要是觉得似乎自己辛苦一场只是为他人做了“嫁衣”，平白付出得不到收获。实际上，在你努力的过程中，你已经收获了很多。人一生奋斗、积累的不仅仅是财富，还有自身的修养、对生活的理解以及建立的人际网络。有形的财富不会永远伴随你，现在有钱，不代表将来也有钱；现在没钱，并不代表将来也挣不到钱。积沙成塔，集腋成裘。工作与生活中点点滴滴的积累，会汇集成长久灌溉心田的河流，而你人生的价值也会发生由量变到质变的飞跃。今天播下的种子，今天也许还看不到花开，但今天的付出，一定会在未来收获的累累硕果中体现。

推行佛教人间化，将佛教思想远播四方的高僧星云大师，就是一个不怕被人利用的人。他本着“给人利用才有价值”的理念，心甘情愿地与人为善，被人“利用”，却在无形中为他的人生开拓了无限的“价值”。

初到中国台湾时，星云大师居无定所，经常随喜帮助别人。有人兴学，他就帮忙教书；有人办杂志，他就协助编务；有人讲经，他帮人招募听众；有人建寺院，他助其化缘……还有些老法师发表言论，怕开罪别人，都叫星云大师出面，他从不推辞。因此，一些同道笑说他总是被人利用来“打前锋、当炮灰的”。星云大师不以为意，遇到类似情况还是心甘情愿地被人“利用”。

星云大师在佛光山创办佛学院，沙弥学园曾经招收过二三十名小沙弥。在他们不辞辛劳地将小沙弥抚育成人后，有些沙弥的父母竟又来强行将孩子带了回去。许多徒众都为星云大师难过，认为那些父母只不过是“利用”佛光山把孩子们养大，要求他不要再接受沙弥来山，但星云大师还是照单全收。他觉得，即使沙弥们全都被父母带走，他们从小在法水里涵泳浸润，至少长大后就能知因果、明善恶，即使踏入红尘，也不会为非作歹。这种教育无论对个人或对社会而言，都是很有价值的。

星云大师在高雄开创佛光山，没过多久，周边以“佛光”为名的各种店铺都如同雨后春笋般冒了出来，甚至于还有些地方以“星云”来为大楼命名。徒众们都十分不满，建议星云大师出面阻止。星云大师却说：“诸佛菩萨连身体脑髓都要布施了，一个名字也算不了什么！我们的名字能够给人去利用一番，也表示自己很有价值啊！”

刚开始到宜兰传教时，星云大师曾举办多种活动向青年传教。有些青年不喜欢枯燥的定期共修法会及佛经讲座，却兴高采烈地参加佛歌教唱、国文导读等课程。有人劝星云大师不要白费心机，说：“这些青年没有善根，只是贪图有歌可唱，或想免费补习国文，预备将来考学校而已！他们不是真心信仰佛教的！”星云大师一笑置之，心想：“即使如此，我也愿意成就他们，被他们‘利用’。”

没想到后来，一些参加活动的青年真正皈依了佛门，有的还成了佛教界的翘楚，无意中达到了星云大师最初“弘扬佛法”的目的。

星云大师凭借海纳百川的气度，甘愿“被利用”以实现自己价值的胸襟赢得了众多信徒的支持，有来自世界各地的出家弟子千余人，全球信众达数百万之众。1991年，国际佛光会成立，星云大师被推为国际佛光会世界总会会长。国际佛光会在五大洲成立了170余个国家和地区协会，成为全球华人最大的社团。

人与人的关系很多时候就是相互利用的关系，相互利用就是相互满足对方的需要。我们常说的“互惠互利”或“互相帮助”，都是在提倡相互“利用”。只有相互利用才能相互依存，只有允许自己被他人利用，自己才有理由去利用他人的帮助。被他人利用，是自己利用他人的条件。不能被他人利用的人，也无法从他人身上获得利益。

能够被人利用是值得骄傲的。你被别人利用，说明你有可利用的价值，没有价值的人是不会被他人利用的。没有利用价值、不被需要的人是可悲的，在社会竞争中，首先被淘汰的就是那些不能为别人带来价值的“无用之人”。你的能力、你的价值正是通过被他人利用体现出来的。有利用价值，能够为他人带来价值，正是老板对好员工的衡量标准，你能给别人带来的越多，也就越受欢迎。

需要决定价值。你有没有价值，取决于他人对你的需要，你对他人需要的满足度越高，你的价值越大；你对他人需要的满足度越低，你的价值越小。只有高价值的人在与他人交换利益时，才能得到高价值的交换物，自己的需要才能够得到高度的满足。

不要因为被别人利用就懊恼，能够被人利用并不是一件坏事，我们每个人都好像社会大机器中的一个小零件，只有相互借力，机器才能运转。任何人如果想拥有广泛的人际关系，就必须使自己有可以被利用的价值，这不仅包括你拥有的专业知识、专业技能或者其他资源，更重要的是要有一颗不怕付出、愿意被利用的心。

舍与得的人生课

不论是在生活中，还是在职场中，很多人都容易犯一个错误，那就是喜欢抓住已有的东西不肯放手。他们之所以不肯放手，是因为害怕失去，之所以害怕失去，是因为没有理解舍与得之间的真正智慧。

通常来说，人们总是把“舍”看做失去、利益受损，把“得”视为收获。殊不知，舍与得不是绝对的，很多时候在“舍”的同时，孕育着“得”，“得”的同时预示着“舍”。因此，我们有必要重新认识舍与得的智慧。

在一座山上生长着一朵小花，它的旁边有一棵高大的松树。小花认为自己是幸运儿，因为有松树为它遮风挡雨，它几乎将大松树视为生命的保护伞。可是，有一天山上来了一群伐木工人，将大松树砍倒了。

小花失去了“保护伞”，它开始为自己的命运担忧起来，于是整天痛苦地抱怨：“上帝啊！人们把我的保护伞夺去了，我会被那些嚣张的狂风折磨死的，倾盆大雨会砸碎我的花瓣，我再也没有安宁的日子过了……”

“哦！朋友，你今后的日子会越来越好的，”不远处的小草对小花说，“只要你换个角度想想，就会发现失去了大松树是一件好事。你看，阳光会直接照耀着你，雨水会滋润着你，你会长得更加茁壮，你的花瓣在阳光下将会更加灿烂。当人们看到你时，会因为你的美丽而称赞你，难道这样的日子不是你想要的吗？”

小花听了小草的引导和点拨，豁然开朗，从此以后，它换了一种心态去生活，果然日子过得比以前好了。

生活中，我们可能也会突然失去一些东西，这些东西可能是我们长久依靠的。在失去的瞬间，我们一时间难以接受事实，我们会为失去的感到惋惜，甚至会埋怨命运的不公。可是过了一段时间后，我们会发现自己的生活并没有受到那些失去的东西的影响。

因为失去不是绝对的，失去了月亮，我们可能会发现星星的灿烂；失去了阳光，我们可能发现雨露也是那么美好。我们会因“失去”得到锻炼，获得新的体验，收获不一样的感受。只要懂得换一种心态去看待“失去”，你就会发现，在失去的同时，也能获得许多。

可是，“得”并不是人生追求的终极目标。当你得的时候，不妨学会放弃，有舍有得，才是人生的最高境界。比如，功名、利禄等，该放弃的时候应该放弃，懂得放弃，才不会盲目地追求，才不会陷于得与失的苦恼之中。

有位女强人讲了发生在她孩子身上的故事。那天，她在厨房里做饭，忽然听见4岁的儿子在客厅里号啕大哭：“妈妈！妈妈！快来呀！”哭声中夹杂着惊恐。

她一听就感到大事不妙，于是赶忙跑到客厅。这才发现，原来儿子的手卡在一个花瓶中拿不出来，因此痛得哇哇大哭。

她试了很多办法，都无法将儿子的手从花瓶中拉出来。看着儿子满脸的泪痕，她急坏了，后来找来锤子，小心翼翼地把花瓶敲破了。

费尽周折，终于把儿子的手拿出来了，这时她发现儿子的小手紧紧地攥着拳头，怎么也不松开。

她吓坏了，以为花瓶把他的手卡得太久变了形。可是当她小心翼翼地把儿子的小手掰开时，才发现原来孩子的手里攥着1角钱的硬币。这让她哭笑不得，因为刚被她敲碎的花瓶是价值3万元的古董。

为了1角钱，她砸掉了3万元的古董花瓶，她忍不住问儿子：“你怎么不把手松开，放下硬币呢？那样就可以把手拿出来了，妈妈也不必打烂花瓶了。”

儿子怯怯地说：“妈妈，花瓶那么深，我松手了，钱就跑掉了。”

孩子的回答是可笑的，但笑过之后，我们却不得不思考，这个发生在4岁孩子身上的故事，其实在很多成人身上也普遍存在。许多人也喜欢将手中的东西紧紧抓牢，最后因小失大，甚至导致悲剧的产生。当然，他们手中紧抓的不是一角钱的硬币，而是很多在他们看来十分重要的东西，比如成就、权力、利益、面子、职位……他们之所以不肯放手，大致有两个原因：

第一，不懂得放手是为了得到更多，总认为放手就是失去，就是舍弃，因此，在现实心态的作用下，他们没办法果断地放下。

第二，没有空杯心态，不懂得适时归零，不懂得只有倒出自己“杯子”中的水，才可以装进新鲜的水，而不至于让原来“杯子”中的水发臭。

要知道，捍卫自己的权益和有价值的东西是很正常的，但不管获得了什么——金钱、名声、权力……都不能紧抓着不放，更不能自我膨胀，得意忘形，裹足不前。这就是说，“舍”也是必要的，因为那是一种大智慧的体现。

送给他人一缕阳光

身处困境的人，往往需要来自别人的帮助，哪怕是得到一句温暖的问候和鼓励，他们就会感觉像拥有了冬日里的阳光一样。只要我们为他们献出一丝温暖的关爱，我们就等于为他们营造了一个幸福的春天。助人乃是人生的快乐之本。帮助他人，不仅能为他人提供精神动力和智力支持，使他们顺利地渡过难关，还能给自己的内心以满足感和成就感，从而让自己感到幸福和快乐。

一个小女孩，当她走过一片草地时，看到一只蝴蝶被荆棘刺伤了，于是她蹲下身来，小心翼翼地帮蝴蝶把刺拔掉，让它重新飞回大自然。

后来，蝴蝶化成一位仙女，对救自己的小女孩说："因为你很有爱心，请你许个愿，我会让你美梦成真的。"

小女孩眨着天真的眼睛想了想，说："我希望我永远快乐。"于是，仙女弯下腰，在她的耳边悄悄地说了几句话，然后飘然而去。

后来，小女孩果然快乐地度过了一生。当她年老时，很多人向她苦苦哀求道："请告诉我，蝴蝶仙女到底跟您说了什么。"

已经成为老妇人的女孩笑着说："蝴蝶仙女告诉我，我身边的每个人都需要我的关怀和帮助。"

小女孩一生都在无私地关怀和帮助别人，因此，她获得了一生的快乐和幸福。

在我们的生活中，每个人都希望得到来自他人的帮助和关爱，都喜欢被别人关心的感觉，正所谓"己所欲，施于人"，要想被别人关心，首先要学会关心别人。因为在很多时候，帮助别人就等于帮助自己。

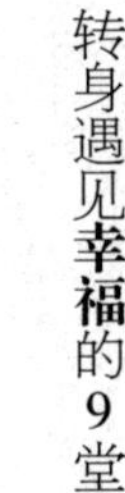

1942年冬天，一个大雪纷飞、天寒地冻的星期五。

盟军高级将军艾森豪威尔从前线下来，乘坐一辆黑色小汽车到盟军总部去开会。艾森豪威尔将军面色凝重地坐在车里。第二次世界大战当时正处于关键时期，德军铁蹄横扫欧洲，西欧诸国纷纷陷落，盟军方面伤亡惨重……艾森豪威尔冥思苦想，脑子里一片空白。

在风雪中，汽车缓缓行驶在坎坷不平的山区小路上，窗外是冰天雪地，荒无人烟，一片凋敝。突然，艾森豪威尔发现前方不远的路边停着一辆破旧的汽车，一对老夫妇站在车旁瑟瑟发抖，手脚已经被冻僵了。艾森豪威尔将车子停下来，命令身边的下属下车去探问情况。下属回报说，两位老人因为战争摧毁了家园，所以打算去投靠远在巴黎的儿子。但是很不幸，车子抛锚了，停在这里无法修好。

艾森豪威尔很想帮老人一把，但他犹豫了：他要去开会的地方与老人要去的巴黎方向截然不同。而在这寒冷的冰天雪地里，如果没有人帮助他们，这两位老人将必死无疑。望着漫天风雪，仁慈的艾森豪威尔将军不再犹豫，下车搀扶着老人上了自己的车，并绕道前往巴黎，结果为此耽误了会议。然而，艾森豪威尔在帮助老人的同时，也帮助了自己——德军早已得到了他要到总部开会的情报，所以在他途经的一个路段里埋设了炸弹、布下了重兵，只要他的汽车路过那里，就会被炸得粉身碎骨。正是由于艾森豪威尔热心助人的善举，使他阴差阳错地躲过了这一劫，否则，第二次世界大战的历史也有可能因此重新改写。

当然，助人为乐并非一定要做一些轰轰烈烈的大事，身边的点滴小事同样能反映出你闪光的心灵。

一名男子登上一辆巴士，正想付5元车费的时候，却发现自己没带零钱，钱包里只有100元的钞票。他拿出一张100元钞票向车内的乘客换零钱，却没有成功。正当他打算把100元钞票放进钱箱的时候，一位乘客递给他5元钱。他不好意思地说："我怎样还给你呢？"那位乘客笑着说："不用还了，如果你坚持要还这5元钱，那就请你用它帮助下一位有同样需要的人吧。"

“勿以善小而不为”，帮助别人有很多方法，千万不要因为事小而不做。5元钱不但帮助那位男子解决了燃眉之急，也为那位乘客带去了快乐，而且最重要的是能将这种助人为乐的精神延续扩大，让更多的人受惠，让更多的人快乐。

助人就像一把雨中的花伞，就像冬天里的一把火，就像滋润干涸心灵的一阵甘霖，是每个人快乐的源泉。让我们用自己美丽的心灵送给他人一缕阳光，把助人为乐作为生活中的一部分，把助人为乐放到我们所做的每一件事中，用自己的真心去关爱和帮助他人，用自己的诚心去温暖和滋润他人。

你的付出是对自己的尊重

一直以来，我们都习惯了“付出必然有收获”的论调。遇到需要自己付出的情况时，总是在心里计算着，我付出这些能够换来什么？换来的东西比得上我付出的价值吗？如果得到的比预期的少了，就会闷闷不乐。万一自认为付出了很高的代价，却一无所得，更是悲愤莫名，怨别人不知感恩，怨世事不公。其实，你的付出都是自愿的，付出是自己的事，回报却是别人的事，你只能掌控自己，不能要求别人。

诚拙禅师在圆觉寺弘法时，前来听他授课的信徒每天都将大殿挤得水泄不通，于是诚拙禅师决定建一座新的讲堂。信徒们知道后，纷纷解囊布施。

有一位信徒送了50两黄金给诚拙禅师，让他用来修建讲堂。诚拙禅师淡淡地收下钱，就忙别的事去了。信徒对禅师的态度非常不满——要知道，50两黄金可不是一笔小数目啊！他捐出这样一笔巨款，诚拙禅师竟连一个“谢”字也没有。于是，信徒紧跟在诚拙禅师身后，提醒道：“师父!我那袋子里装的可是50两黄金呢。”

诚拙禅师漫不经心地应道：“你已经说过了，我知道了。”

信徒提高嗓门喊道：“喂!师父！我捐的50两黄金，可不是个小数目呀!你难道连个谢字都不肯讲吗？”

诚拙禅师停下脚步，转身对那位“执著”的信徒说：“你捐钱给佛祖，为什么要我跟你说谢谢?你决定布施是你的功德，如果你要将功德当成一种买卖，我就代替佛祖‘谢谢’你，请你把这声‘谢谢’带回去吧。从此，你与佛祖‘银货两讫’了!”

信徒坚持认为自己付出了就该得到感谢，把自己放到了一个高高在上的位置，得不到感谢就心有不甘。然而，是否要布施，布施财物多少都是自己的事，本身是心甘情愿的布施，为自己积累功德，那又何必执著于别人的一声感谢?

人的付出不会多余。只要有一颗真诚为人奉献的心，为帮助别人作出努力，不管接受者从中得到多少助益，真诚助人的心意都不是多余的，因为你尊重了自己。

一天下午，杨先生正在开会，手机不合时宜地响了起来，一个朋友焦急地向他求援。朋友说，他急需几本专业资料，问杨先生能不能尽快给他找到，杨先生知道那些资料很难找，但他还是答应了，并把这件事放在心上，尽自己最大的努力帮助朋友。

接下来的几天，杨先生为了这件事到处奔走。向所有爱好藏书的朋友打听，跑遍各大图书馆，还在网上查了很久，最终仍是一无所获。那些天杨先生睡不安宁、饮食无味，头脑里老是惦记着有关资料的事，费劲了心力。但是，一想到朋友的渴望，杨先生认为这些付出都是值得的。

这天，杨先生被派往北京去办事，工作间歇，他就奔向一些大型书店，终于在书店里找到了朋友要的资料。欣喜若狂的杨先生赶紧掏钱把那些并不便宜的资料买了下来。

一回到家，杨先生就立即给朋友打电话，告诉他他要的书终于买到了。没想到，电话那头的朋友轻描淡写地说了一句："哦，是吗？不用了，我已经用不着了。"

杨先生感觉像是被当头浇了一瓢冷水，满腔热情一下子都被浇熄了。朋友说，那天他在写论文的时候是急需要考证一些数据，但后来他找到了另外一种解决的办法，那些书他已经不需要了。

杨先生脑子里只剩下两个字："多余"，他发现不但自己辛苦买来的书是多余的，就连他那一腔热情也似乎变成了多余的。他一下子感觉十分失落，不知自己的执著是为了什么。

妻子看杨先生垂头丧气的样子，就问他原委，问明之后，她不但没有陪着他一块生气，反而释然道："这有什么关系，你的执著没有什么不对。你所做的一切不是为了其他人，而是尊重了你自己。"

想了一夜，杨先生终于从阴影中走了出来，他发现，妻子说的话是极有道理的。付出是自己的事，自己在为别人付出的时候已经完成了自己想做的事，而是否能得到认可，有没有回报，都不是自己需要考虑的了。

有时候，付出不一定会有收获，帮助别人不一定会得到感谢，但至少我们的内心是安宁的，因为我们尊重了自己，遵守了我们的承诺，保全了自己的信誉，尊重了自己的善心和美德。

让我们学会付出不图回报，如果太在意别人怎么回应我们，就平白地给自己的心施加了压力。

付出本身在自己和他人之间建起了沟通的桥梁，而我们之所以寂寞，是因为我们不去建桥，反而筑墙将自己围堵起来。期待回报、一心索取，就是在自己的周围筑墙，告诉每个路过的人，要想和你建立联系，必须先“缴费。”

与其担心他人不知感恩，不如忘记自己施与别人的恩惠，不要期待他人感恩，要知道，施绝对比受更有福气。

做真正让自己欢喜的事情，付出不求回报，这样，我们就能在帮助别人的同时成全自己。

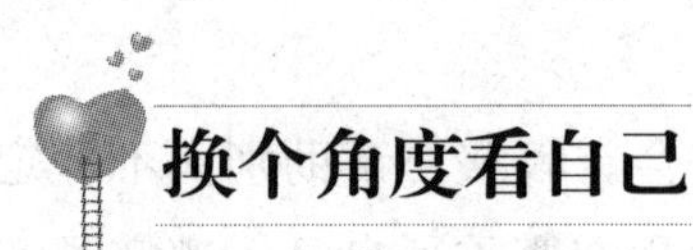

换个角度看自己

人不是孤立存在的，都会与周围的世界产生各种各样的联系。在与别人的交往中，不能只想着自己，也要设身处地地考虑别人的感受，要有关爱他人、为别人着想的心态。

很久以前有座山，山上有座庙，庙里有个老和尚，带着个小和尚，整日诵经参禅。小和尚年纪小，坐不住，经常偷偷溜出去玩耍。

一天，小和尚跑到小溪边，看到水里的鱼儿自由自在地游来游去便抓住了一条小鱼，用一根线将鱼身子绑起来，在线的另一头系上一块小石头，然后把鱼放回水里。看着小鱼吃力地拖着石头在水里游动，行动十分缓慢，小和尚笑嘻嘻地看着。接着，他如法炮制，又抓了一只青蛙和一条小蛇，也用小绳绑住它们，在另一端系上一块石头。看着这些小动物的活动越来越艰难，小和尚玩得很开心。

老和尚到溪边来打水，看到这一幕，十分惊讶。虽然小和尚还不谙世事，不明白自己做了什么，老和尚却深知不能让他学会把自己的快乐建立在别人的痛苦之上。但是，小和尚年纪太小，一味地训斥，他未必明白其中的意思，也达不到效果。

老和尚没有说什么，带着小和尚回到了寺里。到了夜深人静时，小和尚早已经进入了梦乡。老和尚抱来一块大石头，把大石头绑在了小和尚身上。

第二天早上，小和尚醒来，想从床上坐起来，身子却被沉重的大石头拉着，怎么也坐不起来。

小和尚几番尝试，累得气喘吁吁，依然挣脱不了。他求师父解开绳索，老和尚平静地问他："你身上绑着一块大石头，滋味如何？"

"太难受了。"小和尚委屈地回答。

“如果你身上绑着石头觉得难过，那溪中的小鱼呢？它拖着石头痛苦吗？青蛙被绑了石头痛苦吗？蛇被绑了石头痛苦吗？”

“小鱼、青蛙、蛇，它们应该也很痛苦……”小和尚知道自己做错了，羞愧地低下了头。

老和尚又说：“把自己的快乐建立在别人的痛苦上是多么残忍的事啊！你现在既然已经知道错了，就要悔改，就背着石头去解开你绑上的绳子吧。解开了它们，你的罪孽才能放下。”

小和尚背着沉重的石头艰难地回到小溪边，却发现，不堪重负的小鱼已经死去，僵硬地躺在溪边上；青蛙的挣动已经十分微弱，解开了绳子，也变得行动迟缓了；蛇更是在石块上撞得满身是伤，快要死去了。原本鲜活的生命因为他的恶作剧凋零了，小和尚顿时觉得十分愧疚，伤心地哭了起来。

老和尚将小和尚放到与那些被他残害的小动物一样的境地，让小和尚站到那些小动物的立场上，通过亲身体验彻底了解到自己的错误，使得小和尚心服口服，彻底悔悟。

所谓换位思考，就是从对方的立场和角度来考虑问题。在现实生活中，需要我们换位思考的问题比比皆是，如顾客与服务员、上级与下级、司机与交警、家长与老师、老师与学生、批评者与被批评者等。古往今来，从孔子的“己所不欲，勿施于人”到《马太福音》的“你们愿意别人怎样待你，你们也要怎样待人”，不同地域、不同种族、不同宗教、不同文化的人们，奉行着相同的做人道理。

为人处世，学会站在别人的立场上，通过别人的角度考虑问题，眼界会变得更开阔。在为别人点亮一盏灯的同时，也照亮了自己的路。

王永庆15岁就到一家米店做学徒。第二年，他用父亲借来的200元钱做本金自己开了一家米店。为了让自家生意变得更好，和隔壁那家日本米店竞争，王永庆颇费了一番心思。

当时大米的加工技术还比较落后，市面上出售的大米里面混杂着米糠、沙粒、小石头等杂质。虽然买卖双方对这样的情况都已经见怪不怪，王永庆却偏要“多此一举”，每次卖米前都先把米中的杂物拣干净，这样贴心的服务深受顾客欢迎。

别人家都是在店中卖米，王永庆却多是送米上门，免除了顾客来回跑腿的辛苦。细心的他在一个本子上详细记录了顾客家有多少人、一个月吃多少米、何时发薪等。算着顾客的米该吃完了，就送米到顾客家里。等到顾客发薪的日子，再上门收取米款。

王永庆给顾客送米，也并非送到就算，往往还要帮人家将米倒进米缸里。如果米缸里还有没吃完的米，他就先将旧米倒出来，将米缸刷干净，然后将新米倒进去，把旧米放在上层。这样，下层的米就不至于因陈放过久而变质。他一系列为顾客着想的服务打动了不少顾客，很多人在接受了他的服务以后就铁了心专买他的米。

就这样，王永庆的米店生意越来越好。从这家米店起步，王永庆最终成了中国台湾工业界的“龙头老大”。后来，他谈到开米店的经历时感慨地说：“虽然当时谈不上什么管理知识，但是为了服务顾客做好生意，就认为有必要掌握顾客的需要，没想到，追求实际需要的一点小构想竟能作为起步的基础，逐渐扩充演变成为事业管理的逻辑。”

克鲁泡特金在《互助论》中证明：只有互助性强的生物群才能生存，对人类而言，换位思考是互助的前提。站到别人的角度上，学会换位思考，我们在看待问题、处理事情、解决矛盾时，就会多一些理解，多一些智慧，多一些方法。

| 真正的幸福，双目难见。真正的幸福存在于不可见的事物之中。|

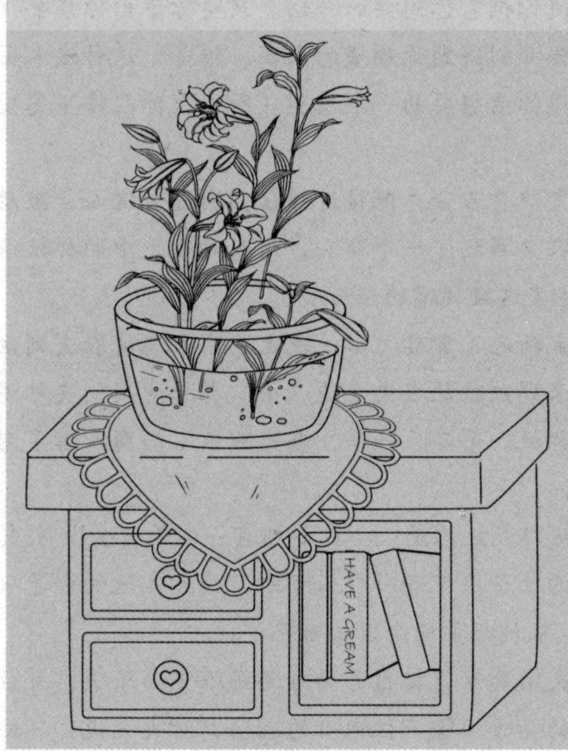

放下自己的贪念

人的欲望永无止境，一味地索取只会让自己的心越来越不知满足。因此，我们不能把幸福的希望寄托在别人的给予上，缩减一点欲望，少一点索取，我们反而能得到更多。

有一个贫穷的农夫每天不辞辛劳地工作，生活却依然困窘。一天，他在森林深处遇到了一位老僧人，那位僧人对他说："我知道你每天都工作得很辛苦，却只能得到微小的收获，付出与回报相差太多了。为了公平起见，我把我的禅杖送给你，它能够使你拥有你想要的一切。只要你说出你想要得到什么，同时转动禅杖，你将会立刻得到你期望的东西。但是，这种法术每个人只能用一次，只能用来实现你最想要的一个愿望。所以，你在许下愿望之前要仔细考虑清楚。"

这从天而降的好运让农夫惊喜万分，他接过禅杖，谢过老僧人，激动地踏上了回家的路。在路上，农夫遇到了一个商人，商人对他手中的禅杖很感兴趣，老实的农民就向他讲述了这段稀罕的经历。

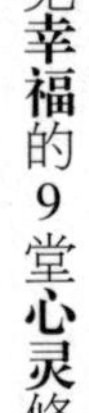

可是，商人却对农夫的宝物起了贪婪之心。晚上，商人邀请农夫到他家暂住一晚。深夜，商人悄悄来到熟睡的农夫身边，小心翼翼地用一支外观相同的禅杖换走了农夫的神奇禅杖。第二天一早，农夫醒来，向商人道了谢，就又继续赶路了。

商人急不可待地关紧了房门，许愿说："我要拥有一亿两黄金!"并转动了禅杖。奇迹出现了，无数的金子像下雨一样落下来，铺天盖地的金子砸向了商人，商人还没来得及跑就被他想要的金子给砸死了。

对这一切毫不知情的农夫回到家，把自己的奇遇讲给了妻子听，并让她将禅杖妥善保管起来。农夫的妻子按捺不住内心的激动，对丈夫说："快，试试看，让它带给我们大片的土地吧。”

“我们必须谨慎地对待我们的愿望，不要忘记，这宝物只能实现我们的一个愿望。”农夫解释着，“最好让我们再苦干一年，或许我们可以自己挣到想要的良田。”从此，他们更加努力地工作，上天也仿佛对他们优厚了许多，这年的收成非常好，他们的劳动所得，使他们买下了想要的那片土地。

要耕种的土地变多了，两个人感觉有点忙不过来，农夫的妻子又想让禅杖赐给他们一头牛和一匹马。农夫说：“亲爱的，牛和马是我们可以通过劳动也能挣得的，为什么不能再继续苦干一年，留下我们珍贵的愿望做更重要的事呢?”农夫和妻子再一次收起禅杖，靠两人的力量经营着自己的土地。一年后，牛和马也买回来了。

“我们已经是最快乐的人了。”农夫说，“我们还很年轻，拥有健康的身体，有力的双手。生活中需要的一切都能够凭我们的劳动获得，哪里用得着祈求禅杖呢？等到我们老的时候，再去想那个禅杖吧。”

年复一年，农夫和妻子曾经遇到过许多困难，也有过许多想要的东西，但他们总是想，这件事凭借我们自己的力量是可以解决的，那些东西我们可以自己挣钱买回来，这都不是什么稀奇的，何必要动用那个唯一的神奇的愿望呢?

40年过去了，农夫和妻子已经老了，他们的身体变得衰弱，头发变得和雪一样白。他们已经拥有了曾经希望获得的一切，那支禅杖依旧完好地保存着。他们不需要向禅杖索取什么，纵然没有神奇的禅杖帮助，他们仍然得到了属于自己的快乐。比起贪得无厌的商人，他们享受了太多人生的乐趣。

贪婪的人总想把一切好处都抓在自己手中，最后却往往一无所得。

聪明的兰姆和一个笨人由于意外的原因，同时得到了命运之神的眷顾。命运之神说：“我给你们每人一次中巨额奖金的机会，让你们有花不完的钱。”

聪明的兰姆觉得自己应该比那个笨蛋得到更多，就提出了额外的要求：“我比那笨人更聪明、更理性，到最后我应该比他富有。”命运之神勉强答应了。

愚笨的人果然得到了大笔横财，他的愿望也很俗气，豪宅香车、红酒美人，趋迎一下时尚，投资点看不懂的艺术品彰显品位，如此而已。中年以后，穷极无聊的他，成为赌场的常客。在钱快要挥霍完的时候寿终正寝，结束了庸俗的一生。

而聪明的兰姆一生潦倒，只在死去的前一天中了一亿美元的彩票。命运之神满足了他的要求。

有时候，好处求得越多，失得越尴尬。

第二次，兰姆又和一个极愚笨的人同时得到了命运之神的宠幸，吸取了前一次的教训，他又加上额外的要求："我要和那个愚笨的人同样在年轻时富有，而且应该在最后比他富有。"命运之神希望他收回请求，兰姆坚持己见，命运之神只好答应了他。

两个人在同一天得到了两亿美元。愚笨的人毫无创造性地也过上了物质主义的生活，兰姆运用全部智慧花了一天时间拟定出一个比愚人高妙千倍的花钱计划。第二天，他死了。命运之神再次满足了他的要求。

兰姆坚持认为命运之神戏弄了他，要求得到第三次机会，命运之神同意了，但还是要给他和一个笨人同样的幸运。兰姆仔细思考了一个毫无缺憾的附加要求，以便使自己能完全占上风。他说："我要和他同样在年轻时走运，终生比他有钱，而且长命百岁，这样，才能对得起我的智慧。"命运之神马上允许了。

这次，愚笨的人得到了3亿美元，而聪明的兰姆得到了一个精神病医生的治疗。命运之神说："如一个人处心积虑要把所有的好处都拢给自己，就有病了。"

一个人对生活的期望不能过高，没有过多欲望的人才会活得坦然，一个知足的人，才能长久快乐。一个人如果欲望过多，过于计较人生中的得失，反而会失去做人的乐趣。只有心胸宽广、淡泊名利，才会有源源不断的快乐。

一份善念的无价回报

在芬兰一个小渔村的最高处有一个简单的求救装置，被称为求救信号接收总台，出海捕鱼的人们如果遇到危险，会向总台发出求救信号并报出船只遇险的大概位置，救护人员就会出海营救。渔村里不出海的人会轮流担任救护人员。一天傍晚时分，总台的警报灯又亮了，远在800海里之外的一艘船遇到了危险。这回轮到威尔顿和奇卡维两个小伙子驾船前往营救。

村里的人们把小机动船抬上大船，两人准备出发了，可是威尔顿的老母亲悲痛地拉住儿子的手哭道："威尔顿，昨天预报今天海上会有风暴，你父亲就是在这样的风暴之夜去救人而去世的！你哥哥出海已经快半个月了，还不见回来，恐怕也是凶多吉少。如果你再有个三长两短，叫妈妈怎么办呀！"

"妈妈，我可怜的妈妈！我不能让船上兄弟们的妈妈失去她们的儿子。"威尔顿挣脱了母亲的双手，然后上了救援船。

威尔顿和奇卡维驾船来到距出事地点约50海里的地方，就遇到了风暴，奇卡维说："这个鬼天气去救人，太危险了，咱们还是回去吧！反正我们也出来了，只要跟村里人说我们没发现遇险的船只就行了。"说完，奇卡维开始掉转船头。

"不，救人要紧。再往前去就快到出事地点了，为什么不去呢？从前别人不也是在这种情况下救过你吗？"威尔顿不同意返回。

在奇卡维的坚持下，威尔顿一声不发，放下大船上的小机动船，独自驾着小船向出事地点赶去，而奇卡维则调转船头走了。

两天后，前去救人的大船破败不堪地被海潮送回渔村旁的海岸，村民们登船一看，空无一人。威尔顿的母亲顿时昏了过去。

三天后，奇迹出现了，一艘小船从晨雾中缓缓地向渔村驶来，一个人站在船头。"是威尔顿吗？"村里人大喊地问道。

“噢——是我，威尔顿！”

“谢天谢地，这下威尔顿的母亲有救了。”人们高兴地议论着。威尔顿在船头兴奋地舞动着衣服大声喊道：“遇险的那艘船是我哥哥他们的，我救回了我的哥哥！”

有一颗怎样的心灵就会有怎样的命运，不论遇到怎样的困难，都应以善良之心去面对生活，那么生活就会给予你善意的回报。不论何时何地，只要有一颗善良的心，就能像磁铁一样，吸引到对自己有用的资源、美好的事物以及幸福的生活。

吃亏并不一定是坏事

吃亏是福，意思是表面上看上去是吃亏了，可实际上仔细想想也不一定。因为人生总会在吃亏中学到很多有用的东西，或者得到意想不到的收获。做人不要怕吃亏，只要是经过仔细权衡和理智的判断，主动付出的，就不应后悔。

在美国尼克斯有一家大众汽车分厂，它曾经一度效益不佳，工厂面临倒闭的危险局面。该厂总经理决定从销售入手，扭转危机。可是采用什么样的方法才能改变局势呢？总经理认真思考了该厂的情况，针对目前存在的问题，对竞争环境以及竞争商品的销售方法进行了认真细致的分析，最后博采众长，大胆地推出了“买一送一”的推销方法。

该厂积压着一批轿车，未能及时脱手，资金不能回笼，出现了诸多问题，仓租利息却不断增加，产品更新换代周期过长。在这种情况下，该厂在广告中就特别声明——消费者买一辆“托罗纳多”牌轿车，就可以免费得到一辆“南方”牌轿车。

“买一送一”的推销方法其实很早就使用过了，涉及面也很广，但一般做法只是免费赠送一些小额商品。如买电视机，送一个收音机；买DVD机送电影碟片等。这种给顾客一点便宜的推销方式，以前的确能起到不小的促销作用，但时间长了，使用者多了，也就失去了它的市场意义，消费者也就慢慢地不再感兴趣了。

给顾客送礼给回扣的做法，也是个推销的老办法。但是，如果所送的促销品价值不大或根本给消费者带来不了多大的利益，则不能获得消费者的青睐，因为消费者根本感受不到其中的好处。

美国这家汽车厂对各种推销方法进行了细致的分析与合理的组合，最终推出了新式的销售方法，给了消费者和竞争对手一个巨大的惊喜和意外，这种“出格”的销售方法却在市场上得到了真正的认可和信任，同时这种“出格”的广告促销内容，使很多对广告麻木的人对它刮目相看，到处传告。

许多人闻讯后不辞远途也要来看个究竟。该厂的经销处一下子门庭若市，销售渠道一路畅通。过去无人问津的积压轿车，很快就以21500美元一辆的价格被顾客买走，该厂也一一兑现了广告中的承诺，使消费者免费获得该厂赠送的一辆崭新的“南方”牌轿车。

如此销售，等于每辆轿车少卖了5000美元，是不是亏了“血本”？其实不然，大众汽车厂不仅没有亏本，而且由此还得到了多种好处。这些年的汽车都库存已久，仅以积压一年计算，每辆车损失的利息、仓租以及保养费等就已经差不多接近了这个数目。

而现在，不仅积压的车全卖光了，而且资金迅速回笼周转，可以不断扩大再生产。另外，随着“托罗纳多”牌轿车使用者的增多，该品牌在汽车市场中的占有率迅速提高，品牌效应得到了巨大的提升。另一个新的牌子“南方”牌也被推了出来，其长期的市场效益不言而喻，获得了一石二鸟的效果。

这个大众汽车厂从此起死回生，生意兴隆。

为了总体目标，为了整体利益，我们要敢于吃小亏，善于吃小亏，真正做到表面上吃亏，暗地里得利，从长远角度看问题，吃小亏，图大利。让吃亏来帮助自己成长，通过吃亏来得利，是一种比较有远见的处世态度和办事方法。当然，吃亏也必须讲究方式和方法。亏不能乱吃，有的人为了息事宁人去吃亏，吃哑巴亏、吃暗亏，结果只能是“哑巴吃黄连，有苦难言”。

别迷失在世俗的名利中

幸福、快乐应该是一种平衡而满足的内在感受。要学会满足，假如你不满足，即使睡在天堂里，也如同在地狱中一般饱受煎熬；假如你满足，即便身处地狱，也如同在天堂中一样幸福，所以，知足的幸福才是人生最大的收获。

守望那份已得的幸福

很多人都认为如果自己变得更富有，有更多选择，自己就会更快乐。这不是必然的，如果你不适当地控制自己的欲望，反省自己的欲望，那么每当得到之后，你都会想得到更多更好的，或者每当得到之后，你都会为相应失去的而感到遗憾。

人世间最大的不幸就是：很少想到自己已经拥有的，却总是想到自己没有的，并且不断地去追求自己没有的。这就是永无止境的欲望。人们对自己拥有的东西感觉非常迟钝，而对自己没有的则十分敏感。其实生活中的所谓幸福，常常是一些我们最不能感觉到的事情。所以，我们要学会享受自己拥有的，而不是期望得到自己没有的，这样就会永远沐浴在幸福的阳光中。只有这样，你才能结束由于“欲望”产生的痛苦、忧虑和恐惧。

抓住已经拥有的幸福，平静地看待生活，你才会生活得更加心满意足。

人们总是习惯于渴求生命中缺少的一切，于是寻求自己没有的东西，寻求自己视野以外的东西。然而，随着欲望不断地被满足，人们却发现自己变得越来越不快乐，越来越不满足。

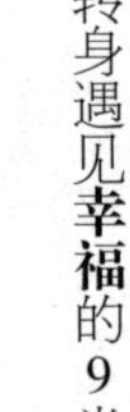

蜗牛是生活在阴湿处的动物，雨后常常可以看见许多蜗牛趴在树干上或路边的石头上，它们体内的蜗涎虽然不算多，但足够滋润自己的身体，使自己生活下去，享受属于自己的幸福、快乐。然而，蜗牛却非要体验高处不曾看到的风景，于是努力超越自己的身体所能承受的极限，不断地向上爬行，结果它的生命也随着身后那一条银线的干枯而宣告终结。

小小的生命尚且如此，号称“万物之灵”的人类何尝不是为了满足贪欲而不断地挑战极限呢？以不满足来激励自己的人生，以挑战极限来获得名誉的光环，有些人虽然有了安身立命的物质财富，但仍然不知足，于是在贪念中丧失了生命中许多宝贵的东西：因忙于商海的角逐而冷落了亲情，就连圣洁的爱情也成为攀登的阶梯……

我们的人生只有短短几十年，为什么不能知足地守望自己的幸福？为什么要等到富足得只剩下钱，只能在灯红酒绿的刺激下填充那份空虚的心灵时，才反思自己的人生？

当然，现实生活中仍然不乏另外一种人，虽然清贫，但生活过得很幸福；虽然不能在豪华的大酒店里觥筹交错，但常与友人一起品茗谈心，培植友情，与爱人一起享受脉脉的温情。他们虽然没有香车、别墅，但是他们的日子其乐融融。这些人懂得生命的真正含义，能乐天知命，安心淡泊地生活。

人的幸福、快乐并不在于对物质的不断追求，而是在于拥有一颗清净的心，这样才能掌握人生的幸福和快乐。不管物质好坏、境遇顺逆，精神都一样愉悦和轻松。

很久以前，有一个特别喜欢金钱的国王，他总是想方设法聚敛钱财。有一天，他听说一个来自中国的道士会点石成金的法术，就把道士召到王宫来，想让道士教他点金术。

道士说："好吧！我有两种点金术，一种是只能对石头、木头有效的，另外一种是对所有的东西都有效的。您想学哪一种法术呢？"

国王高兴地大叫起来："你就教我后一种吧。"

经过道士的耐心教导，国王很快就学会了点金术。第二天早上，国王起床时一摸衣服，衣服立即就变成了黄金。这令国王欣喜若狂，他决定每天除了吃饭外，其他时间就摸遍皇宫里的东西，那样就能把皇宫变得金碧辉煌。

想到这里，国王越发地高兴，于是他快步来到餐厅，他的手刚一接触到餐具，餐具立刻就变成了黄金，连食物都变成了金子。国王顿时有点茫然无措了，心想：这可怎么用餐呢？

没法吃早餐，国王只能饿着肚子郁闷地去花园里散步。一边散步，他一边寻找着可以变成金子的东西，就在这时，他不小心被石头绊了一下，慌忙中他赶紧扶住了身边的树，不料树马上就变成金树了。国王感到十分恐惧，他开始不敢接触任何东西。

到了晚上，王后朝国王走来，国王大声叫她别过来，王后不解，依然像往常一样拥抱国王。国王急忙用手推开王后，可是她眨眼间就变成了一尊金像。为此，国王痛苦不堪。为了让王后恢复肉身，国王想去找道士解除自己的法术。经过士兵的苦苦寻找，终于找到了那个道士。

道士一见到国王就问国王找自己有什么事，国王由于心里十分苦闷，走上前一把抓住了道士的右手说："看你把我害的……"

话还没有说完，道士马上就变成了一尊金像。国王感觉没有希望了，于是就把自己的手插进衣服里，但是一不小心，他的右手接触到了自己的肉体，瞬间，国王也变成了一尊金像。

常言道："人为财死，鸟为食亡。"这是对人类贪婪欲望的真实写照。贪婪是一种顽疾，人们极易成为它的奴隶。当一个人拥有一些东西时，就希望得到更多。一个贪求厚利、永不知足的人，等于是在愚弄自己。只有放下无休止的欲望，珍惜自己已经拥有的一切，才能获得真正的幸福。

不为物役，简单生活

佛家有云：一切烦恼都来自贪、禛、痴。就是来自对于自我的执著，一切都是虚空的。人在成长的过程中只有不断地修剪欲望，才能使心灵更加明静。

人生的欲望是无止境的，没有满足的时候。有人为名奔波，有人为利操劳。人在追求“一”的时候还在看着远方的“二”，就这样不断地去挣扎、去追逐、去满足自己的欲望。那样的人生会很累，只有不断地修剪自己的欲望，生活过得才会平和而宁静。

有一座香火很旺的寺院。一天，寺院里来了一个客人。这个人衣着光鲜，气宇不凡，但看起来似乎神色凝重。他向寺院的住持请教了一个问题：“人怎样才能清除自己的欲望?”

住持微微一笑并没有说话，而是转身进内室拿来一把剪子，递给客人说：“施主，请跟我来！”住持把来客带到寺院后面的山坡旁，只见满山的灌木都被修剪得整整齐齐，很好看。

住持看着有点发愣的客人说：“您只要能经常反复修剪某一棵树，这样您的欲望就会消除。”客人疑惑地拿着剪子，走向一棵灌木，“咔嚓咔嚓”的剪了起来。

过了一盏茶的时间，住持问客人感觉如何。客人笑笑说：“虽然修剪树枝很累，但是我感觉身体舒展、轻松了许多，然而心头的那些欲望好像并没有放下，它们还在我的心里。”

住持点点头微微颔首道：“刚开始是这样的，只要经常修剪，慢慢就会好了。”

客人要走了，临行前住持跟他说要他10天后再来。

10天后，客人如约来到了寺院，还是一样地修剪树木；16天后，客人又来了，还是如以前一样地修剪树木。就这样，3个月过去了，客人已经将那棵灌木修剪成了一只初具规模的“兔子”。

这时，住持问客人感觉如何，客人告诉住持自己每次修剪树木的时候都能够气定神闲，心无挂碍地做事情。可是，离开了寺庙，所有欲望就会像往常那样冒出来。

住持听完来客的话笑而不言。当客人的“兔子”完全成型后，住持又问了他同样的问题，客人的答案还是一样的。就这样又过了3个月。客人再次回答住持相同的问题时，住持对客人说：“施主，你知道当初我建议你来修剪树木的目的吗?”客人摇摇头，疑惑地看着住持。

住持接着说：“我只是希望你每次修剪前都能够发现，你先前剪去的部分，在再次修剪的时候又会重新长出来。这些枝叶就像我们的欲望一样，不可能完全消除，因为每次剪过以后还会重新长出来。我们能做的就是尽量把它修剪得更美观，使它看起来不是那么的糟粕。欲望只要经常修剪，就能成为一道赏心悦目的风景。”

客人恍然大悟。

每个人都有欲望，欲望是人生追求的动力。但有的人却不懂得控制欲望，任欲望自由地泛滥，结果只能是沉沦于无底的欲望中，被欲望掩埋，看不清楚自己的心灵。欲望不可怕，可怕的是不懂得修剪。只要用好心头的那把剪刀，就可以在名利场中游刃有余，不被欲望所累，让自己的人生过得充实而平和。

知足是最大的幸福

罗马著名哲学家爱比克泰德曾经说过："智者不为自己没有的悲伤而活，却为自己拥有的欢喜而活。"人生的幸福就是珍惜你所拥有的，喜欢你现在已经拥有的，知足常乐，为现在拥有的感到满足和欣慰。

1929年，纽约股市崩盘，一家大公司的老板满脸忧伤地回到家里。

"亲爱的，你怎么了？"妻子笑容可掬地问道。

"我被法院宣告破产了，这下我完了，家里所有的财产明天就要被查封了，该怎么办呢？"说完便伤心地哭泣。

这时妻子柔声问道："你的身体也被查封了吗？"

"没有啊！"他不解地抬起头来看着妻子。

"你的妻子我也被查封了吗？"

"没有！"他更加迷惑地望了妻子一眼。

"那我们的孩子们呢？"

"他们还小，跟这些事情没有关系呀！"

"既然如此，那你怎么能说家里所有的财产都要被查封了呢？不是还有我们支持你吗？而且你有丰富的经验，有健康的身体和灵活的头脑。至于丢掉的财富，那只是身外之物，就当是过去白忙一场算了！以后我们一起努力还可以再赚回来的，不是吗？"

3年后，他的公司发展成为《财富》杂志评选的五大企业之一。而这一切成就，仅仅是靠他妻子的几句话而已。

在你感到沮丧的时候，请列出一张详细的生命资产表；当你没有鞋穿的时候，请看看没有脚的人，人应该为现在拥有的感到满足。

老子说："罪莫大于可欲，祸莫大于不知足；咎莫大于欲得。故知足之足，常足。"意思是说：罪恶没有大过放纵欲望的了，祸患没有大过不知满足的了；过失没有大过贪得无厌的了。所以知道满足的人，永远是能感受到满足的快乐的。不知道满足的人，最终会得到欲望的毒害。

传说张果老成仙后，每天都下到凡间去寻找可以度化的人。一天，他走到一个村口，看见一对老夫妇在摆摊卖水。于是他就走上前去，借买水的时候跟老夫妻搭话。"你们的日子过得怎么样？"张果老问。

老夫妇说："很贫困。"

"你们有什么愿望吗？"张果老问。

"能开个酒店卖酒过日子就好过了。"老妇人回答。

于是，张果老就告诉他们在村旁的山顶上有一块形状非常像猴子的石头。石头旁边有3个泉眼，现在3个泉眼都被灰尘堵上了。只要去山上把灰尘清理出来，泉眼就会自动流出有酒味的水来。张果老还给了他们一个葫芦，说只要把这个葫芦装满就可以了。

第二天天还没亮，老夫妻二人就爬上山去，找到了张果老说的那块石头，打扫净了泉眼，果然有水流出来。老头舀一点儿尝尝，发现果然有酒味。老夫妻大喜，装了一葫芦就回去卖了，恰好能卖一天。

老夫妇就这样天天上山装酒回来卖，日子过得渐渐好起来。一年过去了，张果老又来到这个地方。他问老夫妻现在日子过得怎么样，老夫妻说："嗯，自从听了您的话找到酒后，日子很好。就是没有酒糟，不能喂猪，否则就会更好了。"

张果老听后摇头叹息地说："天高不算高，人心比天高。清水当酒卖，还嫌没有糟。"然后飘飘然离去了。从此以后，山上的泉眼就干涸了，再也没有水酒涌出来。

人的欲望是个无底洞，如果不加以克制就永远没有填满的时候。平静的生活需要与世无争的淡然心态，人们应珍惜自己眼前的一切，不因诱惑而动摇自己的平常心，否则，美满的生活终将被打破。人生应该追求有价值的精神领域，在得到富贵的同时也应该修炼身心，提升自己的修养，不为物欲所

俘，过自己知足而幸福的生活。

有个老魔鬼看到人间的生活过得太幸福了，于是对小魔鬼说：“我们要去扰乱一下他们的生活，要不然他们就不知道我们的存在了。”于是，他派了一个小魔鬼去扰乱一个农夫的生活。

那个农夫每天辛勤地工作，可是所得却少得可怜，但是他却很快乐，非常知足的样子。

小魔鬼琢磨怎样才能把农夫的生活变坏，他把农夫的田地变得很硬，想让农夫知难而退。但是农夫敲了半天，做得很辛苦，他稍微休息了一下，再继续敲，没有一点儿抱怨。就这样，小魔鬼见计策失败，只好摸摸鼻子回去了。

老魔鬼又派第二个小魔鬼去。第二个小魔鬼想，既然让他更加辛苦没有用，那就拿走他拥有的东西吧。他做得那么辛苦，又累又饿，如果连面包和水都不见了，他一定会暴跳如雷。于是，小魔鬼就把农夫的午餐偷走了。过了一会儿，农夫又渴又饿地到树下休息，想不到午餐不见了。他想：可能是哪个可怜的人比我更需要那些午餐吧。

小魔鬼的计谋又失败了。老魔鬼觉得奇怪，难道没有任何办法能让这个农夫变坏吗？这时第三个小魔鬼对老魔鬼讲：“我有办法可以把他变坏。”

于是，第三个魔鬼来到凡间去跟农夫做朋友，农夫很高兴地和他做了朋友。因为魔鬼有预知能力，他就告诉农夫，明年会有干旱，叫农夫把稻种在湿地上，农夫便照做了。结果第二年别人没有收成，只有农夫的收成满坑满谷，他因此富裕了。这个魔鬼每年都对农夫说当年适合种什么，每年农夫都能获得丰收。这样3年下来，农夫就变得很富有了。

慢慢地，农夫开始不工作了，靠着经济贩卖的方式获得大量金钱。有一天，小魔鬼就告诉老魔鬼：“您看我的成果，这个农夫已经没有了以前知足常乐的心态了，他已经变成了一个俗人。”

这时，一个仆人端着葡萄酒出来，不小心跌了一跤。农夫就嚷道：“你做事怎么这么不小心！”

“对不起！主人，我们到现在都没有吃饭，饿得浑身无力。”仆人答道。

“事情没有做完，你们怎么可以吃饭！”农夫吼道。

老魔鬼见了这个情景对小魔鬼说：“你太了不起了！你是怎么办到这些的？”

小魔鬼说：“其实很简单，我只不过是让他拥有比他需要的更多而已，这样就可以引发他人性中的贪婪，那么他就会感到不满足，然后改变了自己的人性。”

知足常乐是人生最大的福气，珍惜拥有的，就是眼前最大的幸福。时刻提升自己的人生修养，知足常乐，坦然地面对生活的挑战，在人生的道路上怀着一颗感恩的心，这样的生活才是多姿多彩的。

不要跳进利益的陷阱

在面对利益的时候，人会有两种选择，要或是不要。在大多数情况下，人们对于利益总是没有办法及时拒绝。利益是有两面性的，你得到了一些就会失去一些。有时候，选择成全了利益；有时，是跳进了一个陷阱里。到底哪一种选择是陷阱，哪一种选择能让自己达到目标，看清楚再选择是非常必要的。

美国人莱西住在北卡罗来纳州的一个城市，他是当地有名的富翁。因为做生意讲诚信，在商界的口碑一直很好。莱西一直有个愿望，就是可以进军政界，在自己的有生之年为这个城市里的居民做几件事情。莱西居住的这个城市正好要进行下一届市长的选举，根据民意调查，莱西的民众支持率非常高，如果参加竞选，很可能就会成为下一届的市长。

莱西的妻子平日里很喜欢逛各大知名的珠宝店，在莱西筹办自己选举事项的时候，妻子为了打发无聊的时间，就去珠宝店里闲逛。有一次，她在一家珠宝店里看中了一款价值2万美元的南非钻石项链。老板在她刚踏进珠宝店的时候，就认出她是莱西的妻子，便热情地接待了她，并主动提出打折将这件珠宝卖给莱西夫人。

最后，莱西的妻子用5000美元就将这条名贵的项链买了回来，心里有说不出的高兴。当四处奔波的莱西回到家时，妻子就将这条项链拿给莱西看，并告诉他说，自己只用了很便宜的价格就将这条项链买了回来。莱西听完这样的叙述，立即让妻子把这件珠宝还回去。

妻子非常不情愿，但还是跟着莱西来到了这家珠宝店。莱西拿出项链问老板说：“您为什么要把如此昂贵的东西用这样便宜的价格卖给我的妻子？”

老板支支吾吾地说：“因为我知道她是您的妻子，而您有可能当选下届市长。”

“这样说的话，您是支持我当选市长了？”莱西问这个珠宝店的老板。

老板点着头说：“这是当然的了，我非常支持您！”

莱西说：“那么，您希望我成为一个好市长吗？”

“这是当然。”老板诚恳地说。

“您卖给我妻子的这条项链是原本的价格就这样低，还是您故意卖给她这么低的价格？”

老板不好意思地说：“这个价格只是卖给您夫人的价格。”

莱西听到老板的话，立即开出支票支付了这条项链原来的价钱。最后他对老板说：“您的利益就是让您的珠宝能够为您赢利，而我的利益就是参选下届的市长，并且做好这个工作。如果我现在以这样低的价格买下了这条项链，就是做了一个错误的选择，我这样的决定会让我失去市长的竞选资格，当然在补回这条项链价钱的时候，结果就不一样了。”

莱西的妻子虽然得到了这条南非钻石项链，但是闷闷不乐，因为她觉得丈夫就像一个傻瓜。莱西当然明白妻子的心思，但是他有更重要的事情要做。如果妻子以低价格买回了项链，那么莱西的竞选就会有丑闻出现，因为这摆明了是一个利益陷阱。如果不能及时从这个陷阱里跳出去，那么结果可能是自己一辈子都不能参加市长竞选了。虽然这条项链的价格非常诱人，但是这样选择对自己却是极为不利的。如果作出了这样的选择，那么莱西将会抱憾终生。

利益总是有着巨大的诱惑力，人们在面对利益，要作出选择的时候，常常是十分艰难的，尤其是当这个利益可以用一种顺理成章的方法得到的时候。然而，利益在大多数情况下都是一个陷阱，只是跳进去或者不跳进去的选择权永远在自己手里。在理想和利益发生冲突时，不要作出让自己遗憾的选择。

欲望是心底的黑洞

一位富翁的狗在和他散步时跑丢了，于是富翁急匆匆地在电视台发布了一则启事：有狗丢失，归还者，付酬金1万美元。同时还发布了几张小狗的彩色照片。

启事发布后，送狗者络绎不绝，但都不是富翁家的那只。富翁的太太说："肯定是真正的捡狗人嫌给的钱太少，那可是一只纯种的爱尔兰名犬。"于是富翁把酬金改为2万美元。

其实，富翁的那只狗被一个在公园的躺椅上打盹儿的乞丐捡到了。乞丐看到广告后，第二天一大早就抱着狗准备去领赏金。当他经过一家百货商场的墙体电视屏幕时，又看到了那则启事，但是赏金已变成了3万美元。

乞丐又折回他的破屋，把狗重新拴起来——他要等赏金涨到最高。第四天，乞丐再到百货商场前，发现悬赏的金额涨到了4万美元。

在接下来的9天时间里，乞丐从没有离开过商场的大屏幕，当赏金涨到使全城的市民都感到惊讶时，乞丐返回了他的住处。

他想，就凭这笔赏金，足可以痛快地生活好几年了。可是，当他跨进家门时，那只狗已经饿死了。

贪婪会使人放弃1只鸟去追逐10只鸟，结果只会是1只鸟也得不到。

有一个乞丐身背一个破旧的褡裢袋，挨家挨户乞讨。突然，命运女神出现在乞丐面前，和蔼地说："我收集了一大堆金币。请把你的袋子打开，我要用金币把它装满。不过有一个条件：落入袋子的将全是金子，如果金币从袋子里掉在地上，就会立刻化为尘埃。请当心，我已经预先警告过你，你要严格遵守这个条件。你的袋子已经破旧不堪，可别装得太多，免得被撑破。"

乞丐听罢，高兴得几乎无法呼吸，他觉得自己似乎飘了起来，一时间有些忘乎所以。他连忙把袋子奋力撑开，于是闪闪发光的金币就像黄金雨似的流进褡裢袋，袋子越来越沉。

“够了吗?”命运女神问道。

“不够，不够，请再多给些！”乞丐急切地说。

“可不要把袋子撑破！”

“无需顾虑。”

“瞧，你现在已经十分有钱，就要成为大财主啦。”

“请再给一点，哪怕是一小把金币!”

“满了!你看，袋子要破了!”女神善意地提醒他。

“再给一点点吧!”乞丐盯着哗哗流进袋子里的金币，两眼放光。

就在这时，袋子突然被撑破了，金币全都掉在了地上，变成了一堆尘埃。此时，命运女神不见了，眼前只剩下一个破褡裢袋，乞丐一如往昔，一贫如洗，只好继续沿街乞讨。

有时候越是富有就越不知足，贪婪的结果往往会导致一无所有。

印度南部马哈尔丛林里生活着一群猴子，想要捉到它们极为不易，因为陷阱、罗网都拿它们没有办法。然而，这些聪明的猴子在一段时间内却锐减了80%，面临“亡国灭种”之灾。原因是人们学到了一种捕捉它们的简易方法：在木箱里放上这些猴子最爱吃的核桃，箱子上开一个核桃般大小的洞口，猴子准会来偷吃，在它们偷取时，伸进洞里的爪子只要抓住核桃，就再也不能从洞里抽出，而猴子却不会放弃到手的核桃逃跑，于是就这么乖乖地被人套上了绳索……

这种猴子确实聪明、狡黠，然而，它们被捉的原因却让人发笑，就是因为一个“贪”字。偷核桃时，在贪吃的猴子眼里、心里全是核桃，乃至于置逼近的危险于不顾。可见，贪婪使这些“聪明”的猴子变得多么愚蠢！

然而在现实中，有些自诩聪明的人与这种猴子惊人地相似，结局甚至比猴子更可悲。人是趋利的动物，面对利益的诱惑，脆弱的人性就会断裂、扭曲，最终把人格中的诚实、善良冲刷得支离破碎。

人的欲望与生俱来，挥之不去，但同时人又是具有理性的高级动物，应该能够把握好欲望的“度”。2500年前老子就曾经说过：“祸莫大于不知足，咎莫大于欲得。”人活在世上，有些东西应该得到，也能够得到；有些东西不该享有，也不能攫取。制欲戒贪，历来是修身做人的第一原则。

古今中外的无数事实表明，过度的贪婪不是幸福，而是一种自我放纵。如果一个人面对金钱的诱惑而利令智昏，面对权力的诱惑而官瘾难耐，面对美色的诱惑而迷乱失态，则必定会一步步跌进诱惑的陷阱、罪恶的深渊。

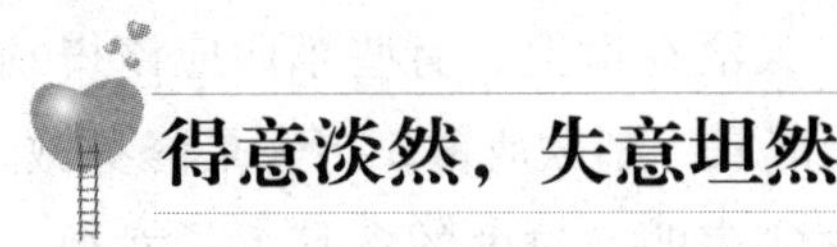

得意淡然，失意坦然

想拥有豁达的人生，需要学会在得意时大智大勇，在失意时大智若愚。一个平和的人不会把功名利禄看得太重，而是抱着淡然一笑的态度。

曾国藩在他率领的“曾家军”攻破天京（今江苏南京），平定了太平天国，立下赫赫战功之际，马上给他的弟弟曾国荃寄去一封信，信中附了一首诗：“左列钟铭右读书，人间随处有乘除；低头一拜屠羊说，万事浮云过太虚。”曾国藩以此诗告诫他的弟弟，千万不能居功自傲，越有功劳越要低头做人。

曾国藩诗中关于“屠羊说”的典故出自庄子的《让王》篇。

屠羊说是楚国的一个屠夫，曾跟随遇难的楚昭王逃亡。在流浪途中，楚昭王的衣食住行都是他帮忙解决的。后来楚昭王复国，派大臣去问屠羊说想做什么官。屠羊说答复：“楚王失去了他的故国，我也跟着失去了卖羊肉的摊位，现在楚王重新拥有了国土，我也重新拥有了我的羊肉摊，生意依旧红火，我还要什么赏赐呢？”

楚昭王过意不去，再下命令一定要屠羊说领赏。于是屠羊说更进一步说：“这次楚国失败不是我的过错，所以我没有请罪杀了我；现在复国了也不是我的功劳，所以也不能领赏。我既不能文也不能武，只是因为逃难时偶然跟楚王在一起，如果楚王因为这件事要赏赐我，就是一件违背政体的事，我不愿意天下人讥笑楚国没有法制。”

楚昭王听了这番理论，更觉得屠羊说非等闲之辈，于是派了一个更大的官去请他来，并表示要任命他为三公。

但屠羊说仍然不肯来，并说：“我很清楚，三公之官比我整天守着羊肉摊不知要高贵多少倍，那优厚的俸禄比我靠杀几头羊赚点小钱要丰厚许多倍，这是楚王对我这无功之人的厚爱，但是我怎么可以因为自己贪图高官厚禄，使我的君主得到一个滥行奖赏的恶名呢？因此，我绝对不能接受三公职位，我还是摆我的羊肉摊更心安理得。”

屠羊说的确是有功劳的，但是面对突然从天而降的荣华富贵，他并没有忘乎所以，而是保持了一种难得的平常心。因为他知道：突然降临的好运固然让人欣喜激动，但也可能隐藏着祸害，正所谓“乐极生悲，福盛转祸”。

曾国藩引用这个典故，语重心长地教诲他的弟弟要看淡人世间的名利，要知道“满招损，谦受益”。

即使一个人功成名就了，也要以平和的心态学会谦和礼让。只有这样，才能发现自己不如别人的地方，并能自我克制，懂得进退，虚心接受别人的批评，不自是，不居功。

豁达的人不仅能在得意时避免张扬和炫耀，在失意时也不会怨天尤人。他们能坦然地面对荣辱得失，当失意的半面墙壁坍塌时，他们选择护卫人格的完整。

唐朝的孟浩然在年轻的时候就已经显示出超人的才华，而且名传京师。他很想到政坛里一展身手，实现报国心愿。

孟浩然与王维是好朋友，有一次两人聚会时恰巧遇到唐玄宗驾临。玄宗久闻孟浩然之名，当下便让他朗诵自己的诗作。不料，孟浩然的诗中有一句“不才明主弃”。这句诗惹怒了玄宗，玄宗以为孟浩然是在讽刺他不分贤愚、埋没人才，于是愤然拂袖而去。

孟浩然不但没有得到什么官做，还惹怒了天颜，亲朋好友都为他着急。他虽然有心出仕，但眼下这种情景让他非常清楚自己踏上仕途更加无望了。但他是个很豁达的人，“当路谁想假，知音世所稀。只应守索寞，还掩故园扉。”他选择了另外一条路：告别友人，离开长安回到故乡过起了隐居生活。

孟浩然没有悲伤，也没有徘徊，他坦然地放弃了仕途上的功名利禄，选择了寂寞平静地离开。此后，他由儒而道，“且乐杯中物，谁论世上名”，一心一意地作起山水田园诗，既保住了自己完整的人格，又写下了流传千古的名诗佳作。

在失意时不悲伤也不抱怨，孟浩然正是这样一个豁达的人。如果一个人一旦遇到挫折或不顺心的事就抱怨他人，感叹自己“怀才不遇”，就会对生活失去兴趣，对美好的东西失去追求。这种气馁、悲伤的心理不仅会磨损人的志气，而且是一个人生活幸福的致命伤。

总之，在得意的时候，我们要保持一颗平常心，要大智大勇、不居功自傲、不张狂、不忘乎所以；而在失意的时候，我们也要学会豁达地面对，要大智若愚，用一颗坚忍的心保护自己的人格，用积极的态度迎接挑战。

| 外在的幸福属于相对的幸福，内在的幸福才是绝对的幸福。|

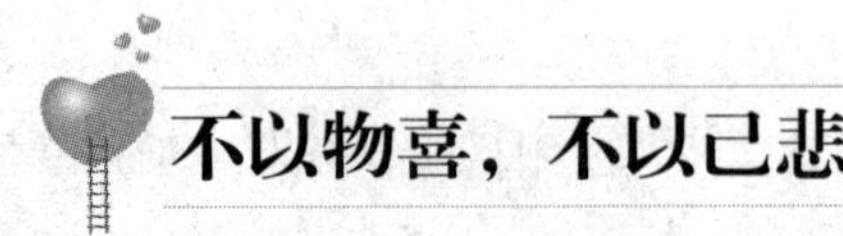

不以物喜，不以己悲

不让个人的得失宠辱影响自己的心绪，就是说不因外物的好坏和自己的得失或喜或悲，凡事都以一颗平常心看待。

孟子云："士穷不失义，达不离道。"这才是人生最正确的态度。一个人如果不轻易被身边的人或事物改变，就是一种修养，是一种境界。

禅师有两个弟子，悟语和悟道。有一天，师徒三人到山上散步，禅师看到山上有一棵树长得很茂盛，但旁边的一棵树却枯死了，于是禅师问道："你们说荣的好呢?还是枯的好?"悟道说："荣的好！"悟语却回答说："枯的好！"正在这个时候，来了一个小和尚，禅师就问他："你说是荣的好，还是枯的好?"小和尚答道："荣的任它荣，枯的任它枯。"禅师笑道："天真自性佛！"

荣枯互变是无常，不管是枯还是荣，都是自然之理。树木不会因为枯而悲伤，也不会因为荣而喜悦，人生无常，就如树木一样，没有永恒。唯有"不以物喜，不以己悲"才是人生的真谛，也是一种豁达的人生境界。现实中有很多人因为物而喜，因为己而悲，这都是自寻烦恼而已，只要有自己的见解，又管他人如何呢?

师父打发他的一个年轻弟子到集市上去买东西。弟子回来后，撅着个嘴，满脸的不高兴。

师父就问他："发生什么事了吗？你看起来很不高兴。"

"我在集市里走的时候，那些人嘲笑我。"弟子撅着嘴说。

"他们为什么要嘲笑你呢？"师父问。

“人家笑我个子太矮，他们不知道，虽然我长得不高，但我的心胸很开阔。”弟子气呼呼地说。

师父听完弟子的话什么也没有说，而是拿着一个脸盆与弟子来到附近的海滩。

师父先把脸盆盛满水，然后往脸盆里丢了一颗小石头，这时，脸盆里的水溅了出来。接着，他又把一块大一些的石头扔到前方的海里，大海没有任何反应。

看着迷惑的弟子，师父说：“你不是说你的心胸开阔吗？可是，为什么别人只是说你两句，你就生这么大的气，就像被丢了颗小石头的水盆，水花到处飞溅？”弟子低头不语。

别人的话只是一种“仁者见仁，智者见智”的说法，每个人的观点和立场都是不同的，如果因为别人的言语而生气，不但是心胸不够开阔，而且是修养和内涵没有达到境界。

人生无论面对什么大喜大悲都能坦然处之，就是一种境界。世间的大多数人为了功名利禄而悲伤，往往他们悲伤的原因不是自己，而是别人，因为嫉妒别人拥有的，所以满怀情绪，也因为无法释怀失去的而惴惴不安。

古时候有一个大财主，吃斋念佛多年，50岁方得一子，视为掌上明珠。

儿子渐渐长大了，可是他只会笑，不会哭。财主想尽各种办法，骂他、打他都无济于事。正无可奈何之际，适逢一位云游高僧前来化缘，财主就请求高僧为儿子诊治。

仆人把孩子抱来。孩子不认生，冲高僧嘻嘻直笑。财主上前狠狠地打了孩子屁股一下，孩子皱皱眉头，随即平静，一声不哭。

财主冲高僧一摊手，说：“高僧，您看这孩子是不是智力有问题?”

高僧不说话，只是顺手从果盘里拿出一根香蕉和一串葡萄，在小孩面前一晃。

小孩想了想，伸手接过了葡萄，并微微一笑。

财主在一边解释：“他从小就不吃香蕉。”

高僧点点头：“知道取和舍，说明智力没有问题。”

财主伸手拿走了盘子中的香蕉，孩子愣了一下，没有哭也没有笑。

看到孩子这样，高僧沉思片刻，端起桌上的果盘，说：“跟我来！”

一行人走出财主家的大门，恰逢3个小孩在门前玩耍。高僧看了看小孩，又看了看果盘，果盘里恰巧还有3根香蕉和一串葡萄。于是高僧分给每人一根香蕉。3个小孩接过来，兴高采烈地剥开就吃。

这时，财主的儿子忽然伸手指着香蕉，大声叫起来。财主赶紧拿过葡萄哄儿子：“那是你最不爱吃的香蕉，这是你最喜欢吃的葡萄。”

财主的儿子夺过葡萄，扔到地上，仍是伸手要香蕉。3个孩子很快吃完，抬头冲财主儿子笑笑。

这时，财主的儿子忽然号啕大哭，把财主和仆人都吓了一跳。

财主欣喜之余也迷惑不解：“他平时一口香蕉也不吃，今天怎么会为香蕉哭了呢？”

高僧微微一笑，说：“世间大多数人的悲伤，不是因为自己失去了，而是因为别人得到了。”

世间百态，人物百型，能够真正做到淡然处之的人并不多。人们应该怀有一颗坦然的心，不因外物的丰富而狂喜，不因个人的失意潦倒而悲伤。无论面对失败还是成功，都要保持一种恒定淡然的心态，不因一时的成功妄自尊大，也不因一时的失败妄自菲薄；无论何时都保持一种豁达淡然的心态，不因外界的好事而兴高采烈，也不因自己的不幸遭遇而垂头丧气。坚持自己的原则，不受外界的影响，这才是人生中的必修课。

别觊觎不属于自己的东西

美国加利福尼亚州的圣何塞市发生了这样一件事：来自中国的赵先生自从抵达加利福尼亚州之后就过得十分惬意，他发现这里的气候得天独厚，环境优美、空气清新，甚至对他而言，这里的阳光都显得格外明媚。在这个四季温暖如春的地方，他觉得自己的身心都得到了放松，他甚至想过要在这里生活一辈子。

有一天，赵先生在午后出来散步，他突然觉得前面有亮光，走近后发现原来是路旁种植的一株株橘树，沉甸甸、黄澄澄的果实已经挤满了枝头。

这就是当地著名的花旗蜜橘，它是享誉世界的果品，能在美国亲眼见到它，让赵先生倍感荣幸。看着浑圆结实的果实，他产生了一个疑问：这些果实这样的诱人，为什么没有人采摘呢？难道是美国人不喜欢吃橘子，或者是因为橘子的味道不好吗？

带着这个疑问，他决定弄清楚事情的真相。于是他沿着两侧种满橘子树的小路漫步，足足走了半小时，但是没有一个行人经过这里。最后，当他准备调转方向回到住处的时候，前方出现了一个背着书包、脚踩旱冰鞋的美国学生，这个孩子正奋力而有规律地朝他这边滑来。赵先生有礼貌地向他招手并将自己的疑问对他说明了。这名美国学生对赵先生的问题感到很意外。

这个孩子并没有马上回答，而是先拿出手帕擦了擦脸上的汗水。

赵先生问孩子，为什么橘子都要烂掉了却没人吃呢？赵先生觉得这样很可惜。美国的孩子却说，这是因为路边的橘子不是自己种植的，是不属于自己的，就没有资格吃。

孩子的背影渐渐地消失了，赵先生很久都没有从孩子的话中回味过来。孩子的话很简单，却包含着一个深奥的道理：不是属于自己的东西，是没有资格和必要去争取的。

很多时候，人们可能很喜欢别人的东西，尤其是自己没有这种东西时，常常希望自己也得到。这个时候，有的人选择了放弃，有的人却锲而不舍地追逐。追逐的人可能得到这个喜爱的东西，但是那又能怎么样呢？也许它并不适合你，或者是你要求别人为你努力争取的。在这个过程中，你是感受不到真正的快乐的。

对于属于自己的东西，我们可以任意支配，而对于那些不属于自己的东西，我们就应该好好考虑一下了，不要固执地认为是自己喜欢的东西，就可以不择手段地去索取，也不要不顾一切地将原本纯真的东西改成自己想象的样子，那是另一种掠夺、另一种抢占。

放弃不属于自己的东西，那样社会就会多一份爱心和责任心，多一点正义感，我们才能看到生活中最本真、最自然的东西。

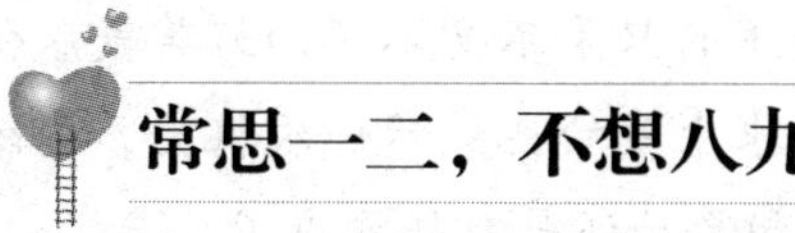

常思一二，不想八九

很多时候，人总是希望能得到最好的，但是得到之后，却能看到更好的。因此虚荣的欲望就紧紧地缠着他，使他永远学不会满足，也因此永远不会快乐，最重要的是他的生命是空虚的。如果去追求正当的理想，哪怕是别人看起来不值得一提的愿望，都应该是受人尊敬的，但如果是去追求浅薄的自我享受，那么即使获得了稀世珍宝，也是令人鄙夷的。

有个叫伊凡的美国青年，很喜欢契诃夫的一句话："如果已经活过来的那段人生只是个草稿，有一次誊写的机会该有多好。"他十分神往这个机会能眷顾自己，于是他向上帝提出了申请，请求在他的身上实现这句话。

上帝沉默了，认真地望着这个年轻人，觉得他很聪慧和真诚，于是答应了他的请求，但是仅限于寻找伴侣这件事情。不久之后，伊凡到了结婚的年龄，他果然遇到了一位漂亮迷人的姑娘，姑娘也很喜欢他，伊凡觉得自己很幸运，他们很快就结婚了。婚后初期，伊凡觉得自己很幸福，但是随着时间的推移，伊凡发现自己的新娘有很多缺点，他觉得自己与她没有办法沟通，他认为自己娶到的是个只有漂亮脸蛋，但是不聪明的女人。他就用上帝赐予他的权利，匆匆地将这段婚姻结束了。

伊凡很快又遇到了心仪的姑娘，这个姑娘除了拥有美貌之外，还拥有聪明的头脑。伊凡以为自己终于能够幸福了，但是没过多久，他发现妻子是个性格暴躁的人，她的脾气坏得惊人，她用自己聪明的头脑堵住伊凡的抱怨，她总是耍着花样让伊凡为她服务。伊凡觉得自己不幸极了，他不像是她的丈夫，倒像是她的工具。伊凡感觉每一天都是一种煎熬，他迫切地想结束这段婚姻。

伊凡重新跪在上帝面前，向上帝祈祷，如果他第三次成婚的时候妻子完美无缺，那么他发誓会与妻子和睦地度过终生。上帝迟疑了，但他最终还是答应了伊凡的要求。伊凡的第三个妻子出奇地美丽和温柔，他觉得自己终于能安乐地生活了，但是妻子不久便一病不起。疾病让妻子不再年轻和漂亮，妻子没有任何能力，剩下的只是不言不语的好脾气。伊凡很快就反悔了。他又来到上帝的面前，祈求上帝给他最后一次机会，赐给他一个完美的天使。上帝虽然开始不同意，但最后还是勉强答应了。

经验丰富的伊凡最后终于选到了一位完美的“天使”女郎。他觉得非常满意，但是当“天使”了解了伊凡的经历后，毅然决然地离开了他，伊凡最后一无所获，孤独终老。

每个人都有自己擅长的事情和工作，人如果能将某件事情做得非常好，那么就应该珍惜做这件事情的时间和机会，不要看到别人的工作和事情，就想放弃自己手中的机会。也不要总觉得自己没做的事情都是好的，那些盲目的张望、攀比并不能为你的生活带来新的机会和荣誉，它只会让人们看到你的无能和无知。

这样做的人，实际上是缺乏自信心的表现，你怎么就知道别人的东西一定比你拥有的东西好，你怎么就知道自己做的事情一定不会成功？在你放弃自己从事的工作的那一刻，你是否想过这样就等于放弃了成功。

有时候你会徘徊、犹豫，也恰恰就是在徘徊的时候，你已经错失了做这件事情的最好时机；就在你犹豫不决时，你身边的人也许已经在另一件事情上迈出了一大步。

如果你永远望着别人，那么你很快就会失去自己。在人的一生中，有很多宝贵的东西，最根本的就是与生俱来的智慧和个性。与他人比较是为了让自己变得更优秀，而真正的优秀就是不断提升自己独有的能力。

看淡权力

在远古的时候，森林中的老虎、猎豹、灰狼结盟，常常一起袭击鹿群。鹿群经常生活在恐惧中，每只鹿都想除去这个强强联合的团伙。

为此，鹿群中的首领召开了鹿群大会，讨论对付这伙结盟强盗的办法。最后，它们决定采取“分化政策”。

但是，鹿群采取的很多分化政策像进谗言、挑拨离间等都失败了，因为这伙强盗很团结，根本无法让它们离间对方。鹿群无奈地忍受了几年这个强盗团体的袭击。鹿群中有一只小鹿，既勇敢又聪明，鹿群的首领非常器重它，并慢慢地把它列入继承人的行列。

后来鹿首领死了，它真的把位置传给了这只年轻有为的小鹿，因为它相信小鹿可以带领鹿群渡过这段危机。这个年轻的鹿首领想出了一个好办法，用“怀柔政策”来对付它们。这只小鹿开始并没有直接上任，而是说要请老虎、猎豹、灰狼其中的一个来担任鹿群的首领。

起初，大家都坚决反对这个办法，认为这是引狼入室，但是年轻的鹿首领仍坚持自己的主张。它把这一消息传递给老虎、猎豹、灰狼，它们听到这个消息后十分高兴，都争着想做鹿群的首领，因为做了首领就意味着拥有整个鹿群的指挥权，至高无上的权力好处多得难以想象。

可是，由谁来当这个鹿群的首领呢？它们各有自己的心思。

猎豹暗暗地想：“我在动物世界中的速度是大家有目共睹的，做的贡献也很多，这鹿群的首领应该由我来担任，况且我还有很多计划呢。”

老虎心想：“我在动物王国中最凶猛，号称‘百兽之王’，咬死的鹿最多，论贡献我最大，这鹿群的首领应该由我来担任，这样的话我可就真的成为‘王’者了。”

灰狼沉思了一夜认为：“我是智多星，再说我们结盟以来每次袭击的方法都是我想出来的，我可是作战中的军师，起的作用比它们谁都大，这鹿群的首领我做定了。”

为此，猎豹、老虎和灰狼争执起来，谁也不服谁，整整争吵了三天三夜，差点动起手来。

大家就这样僵持着，谁看谁都不顺眼，火气也越来越大。老虎首先起了杀机，它觉得自己可以先征服猎豹和灰狼，然后再征服鹿群，那样它就是当之无愧的百兽之王了。最后，它决定用武力除掉灰狼和猎豹。老虎趁猎豹不注意时，向它发起了攻击，一下子咬断了猎豹的脖子。然后，老虎准备向灰狼下手。灰狼看出了老虎的心思，处处提防着它，一夜没睡，一直在想：“我得先下手为强，要不我就要像猎豹一样成了老虎肚子里的美餐了。”最后它想出了一个所谓的上上策：它找到一个经过猎人伪装的陷阱，陷阱上只有一层树枝，它躺在上面假装睡觉。老虎发现了它，觉得终于有了动手的机会，于是猛扑过去，而灰狼则迅速地躲开了，老虎却一头栽进了陷阱里。

最后，这伙强强联合的强盗团伙就只剩下灰狼了，对鹿群来说，它已经构不成什么威胁了。

这时，众鹿突然明白一个道理：在权力、名誉、地位的引诱下，会让心灵产生对权力的向往和追逐，但多数情况下，权力只不过是一个陷阱。

上面故事中的猎豹之所以会丢掉生命，老虎之所以会掉进陷阱，灰狼之所以最后对鹿群构不成威胁，正是因为它们过分地追逐权力，却在权力的利诱下失去了生命和地位。

很多时候，如果你过分地追逐某些东西，心里的欲望就会让你失去理智。过分地追逐和强求，会让你首先在生活的道路上越出了轨迹，在迷乱中丧失了良心、善心、爱心，你的愿望、梦想、希望都会因为你在拼命地“想得到”中失去了正确的方向。

只有当某一天你站在最高处时，你才会发现心灵追逐的不过是一种平淡。权力带来的金钱、名誉、地位、利益等，都只不过是一种欲望。卸下欲望，看淡权力，敞开你的心扉，让自己多一份坦诚、多一点轻松，你会在生活中找到一种别样的乐趣。

不依外物，即得快乐

快乐并不是遥远的事情，每天都可以见到它。但是，在贪婪的人眼里，快乐却总是躲着自己，自己总是在寻找快乐，却一直没有找到。为什么没有快乐而只有烦恼呢？富兰克林说："聚敛财富也就是自寻烦恼。"

福斯先生是一个富翁，但他曾经是一个穷小子。在他还没有富裕之前，他觉得自己的生活非常不快乐。他每天穿着破烂的衣服，冬天不能避寒，夏天又脏又臭；吃的都是残羹剩饭，每当看到富人们昂首阔步地走在街上，或者坐在马车上四处奔走的时候，福斯先生就有说不出的羡慕。他常常想：如果有一天我有了钱的话，我也会成为一个快乐的人。

福斯先生每天都向上帝真心地祈祷，有一天不知道是他的祈祷起了作用，还是命运之神眷顾他，他竟然捡到了一袋珠宝。福斯先生本来想把这袋珠宝据为己有，但是转念一想，他还是决定坐在那里等着珠宝的主人。

福斯先生一连等了两天，终于等到了珠宝的主人。这个丢失珠宝的人看见福斯先生非常激动，也很感动。他说："我以为再也找不回珠宝了，原来天下还有你这样诚实的人。年轻人，就冲你这种精神，我决定把这袋珠宝赠送给你。"

福斯先生觉得一袋珠宝根本不可能让自己成为一个名副其实的富翁，他摇着头对珠宝的主人说："先生，我不想要这些珠宝，我想成为一个真正的富翁。"

珠宝的主人看着福斯先生说："你这个想法很不错，这样吧，你就跟着我好了，我是一个专门做珠宝买卖的人。你可以跟着我做这个生意，我把这袋珠宝送给你做本钱。"

福斯先生对这个人千恩万谢，随后就跟着他做起了珠宝生意。福斯先生的运气非常好，第一批珠宝就卖了一个好价钱。随着生意越做越好，福斯先生的钱也越来越多，他终于可以像其他富翁一样，穿着华美的衣服，坐着漂亮的马车在大街上风光了。

为了把生意做大，赚到更多钱，福斯先生不断地吞并别人的店面，甚至连开始扶植他做生意的那个人，他也没有放过。福斯先生在几年之内就变成了一个有名的珠宝大亨，他出入各种上流社会，举办沙龙和晚宴。他和客人们谈笑风生，吃着美味的鱼子酱，喝着名贵的香槟。但是，一旦客人散去，他就变得一点儿也不快乐。福斯先生想，只有钱才可以使自己快乐，自己要赚更多的钱，这样自然就可以快乐了。

然而，钱越赚越多，福斯先生却越来越不快乐，他本想娶一个姑娘，但是当发现这个姑娘只是因为钱才愿意嫁给他的时候，他十分痛苦。不仅如此，因为福斯先生的名气渐渐大起来，他的珠宝店被一伙强盗看上了。在珠宝店被抢以后，福斯先生更加担心自己的安全。他每天都生活得战战兢兢，生怕有人因为钱财谋害自己的性命。

有一天，福斯先生站在办公室的玻璃窗边看着下面来来往往的人群。忽然，他看见一个衣衫褴褛的流浪汉，这个流浪汉脸上的表情就像是外面的阳光一样灿烂。福斯先生让人把这个流浪汉请到自己的办公室，他问流浪汉："你这样穷，为什么还这样快乐？我这样富有，却为什么不快乐？"

流浪汉看着福斯先生，又看看自己，然后说："尊敬的先生，您看看我，我肩膀上什么都没有，而您呢，您的肩膀上背着这样多的欲望，您怎么能快乐呢？"

听完流浪汉的话，福斯先生茅塞顿开。他立即拿出很多钱赠送给流浪汉，而且从那天开始他决定建立一个收容所，收留流浪儿童和无家可归的人。自从开始做这件事情以后，笑容又回到了福斯先生的脸上，他觉得自己现在才是一个真正快乐的人。

人总是会有很多欲望，总是在不停地追求，认为得到了自己想要的财富以后，就会变成一个快乐的人，但总是在得到以后才发现，自己比原来更不快乐。所有的钱财结果都变成了一个重重的枷锁，将自己牢牢地锁了起来，而快乐也被这个枷锁挡在了远远的地方。找到快乐的方法，其实就是挣脱贪婪欲望的枷锁，让自己一身轻松。

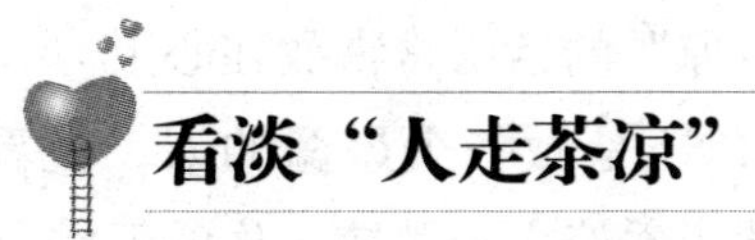

看淡“人走茶凉”

现在社会上有一种说法——人走茶凉，这实际上是由古时候的茶馆规矩发展而来的。

在古代，为了避免发生有些客人暂时离开再回来时自己的座位被别人占了这一现象，一家茶馆的老板想出了这样一个办法：当客人临时离开时，要将茶壶盖拿下来，翻过来并放到茶壶的左侧。后来这个规矩被沿袭下来，每个茶馆都遵守这个不成文的规定。当茶客来到茶馆喝茶时，如果临时有事走开一小会儿马上回来，就会把茶壶盖拿下来，翻过来并放到茶壶的左侧，而茶店的老板会继续往茶壶里添水，这样茶就不会凉了。

其他客人进来的时候，看见这个壶盖就知道这里有人在。但是这里有一点需要说明，客人必须还回来，要不然老板是不会往茶壶里添水的。

如果客人走之后就不回来了，那么他的茶水自然会被拿走，茶杯会被老板洗净收好，留给新来的客人使用。老板这样做是为了恭候新的客人到来，这是早些年的茶道规矩，也作为一种规定被后人遵从。

随着时间的流逝，茶馆的这种规定渐渐地退出了人们的视线，但是“人走茶凉”的话语却并没有被后人淡忘，反而成了现今社会形容人情世故的强有力的措辞。

四季有更替，自然有轮回，世上的一切事物都有相生相克的关系。不必为了追求今天的幸福而伤透脑筋，也不必为了得到某人的青睐而费尽心思，更没必要为了所谓的利益而和同仁争风吃醋。

有时回过头来仔细地想想，也许不过是一桩小事而已，没必要和他人大动干戈，看淡那些琐碎之事，摆平你的心态，把握好自己前进的方向盘，珍惜现有的一切，实实在在地走好脚下的每一步，将是你最大的收获。

不同角色的人会有不同的烦恼，面对烦恼，每个人的解决方法是不同的，而面对同样的事情，不同的人也会有不一样的心态。有的人会因此成为智者，当他遇到不同的人情世故时会有不同的方法，而且做得非常轻松自如，这实际上是心灵境界的升华，也是智者的精髓；而有的人则因此成了事情的牺牲者，将“人走茶凉”的话语常常放在心上。

是做一个聪明的人，还是做一个愚蠢的人，就看你有一种什么样的心态，如何摆正自己的位置。看淡人走茶凉，你的天空会更蓝。

生活在社会的大舞台上，你每天都会和形形色色的人打交道，没必要把人情世故看得太重，也没必要将每个人的喜怒哀乐都铭记于心间，把一切的是与非看得淡一些，你会生活得更轻松、更快乐。

人生实际上是一个寻找幸福的过程，当你懂得为人处世的道理后就会发现，获得幸福并不像你想象的那么困难。

享受生活中的寂寞

如果能够用享受寂寞的态度来考虑事情，在寂寞的沉淀中反省自己的人生，真实地面对自己，那么就可以在生活中找到更广阔的天空，包括对理想的坚持、对生命的热爱以及对生活的感悟。独处能让人头脑清醒、思维开阔，也能让人无畏无惧。

不是每一个天使都需要翅膀

一个美丽的天使被大风刮折了翅膀，失去了翅膀的天使伤心地哭了一天一夜。

伤心之余的天使，觉得自己已经没有用处了，于是决定再也不做天使，因为在他的心里，天使一定要有翅膀，否则就不是完美的。

第二天，他沮丧地去见上帝，跟上帝哭诉他翅膀折断后的悲痛心情，请求上帝不要让他再做天使。

上帝听完他的哭诉，问了一个问题："你认为鸟儿是天使吗?"

天使惊讶地看着上帝，他不明白上帝为什么问这样简单的问题，但还是如实地回答："不是！我认为鸟儿不是天使"

"鸟儿拥有一双完整的翅膀，为什么它不是天使呢?"上帝反问道。

"天使是可以帮助人类的，而且天使的存在是为了帮人类谋幸福，天使之所以叫天使，不是因为有翅膀就可以是天使，而是他可以帮助人类开创幸福，所以鸟儿当然不是天使。"天使愤然地说。

"既然你知道天使之所以是天使，不是因为他拥有翅膀，而是因为他为人类谋幸福的能力，那你为什么会为翅膀折断而悲伤呢?"上帝微笑着说。

听完上帝的话，天使黯然地说："我连飞翔都不能了，还怎么去帮助人类谋幸福呢？纵使我有再美好的心灵，也不能去帮助人类呀，我不知道该怎么办。"

上帝轻轻地说："你知道天使存在的条件，但是你没有真正明白天使存在的意义，所以你会为折断翅膀而伤心，甚至要放弃天使的工作。这样吧，你跟我一起去人间看看，我想在人间你会明白天使存在的真正意义。"

上帝说完闪了一道白光，他们就落在一个孤儿院里。当然，人类是看不见他们的。孤儿院里，几个孤儿正围着一对年轻的夫妇开心地又说又唱，他们的脸上洋溢着幸福的表情。

这时上帝说话了："你看这对夫妻，他们常常放弃周末出去旅游的机会到这家孤儿院来做义工，他们会给孩子讲故事，还会跟他们一起做游戏。"过了一会儿，上帝见天使没有反应，就带他离开了孤儿院。

转眼间，他们就幻化成人类行走在街上。这时，天使突然看见路旁躺着一只腿受伤的小花猫，小花猫痛苦地呻吟着，旁边没有人。天使正想走过去，只见远处一个满头白发的老婆婆向这边走来，她弯下腰小心翼翼地抱起了小花猫，眼中充满了怜惜，然后老婆婆就仔细地为受伤的小花猫包扎腿上的伤口。

上帝对天使说："你看，人间也有很多天使，他们并没有一双能够飞翔的翅膀，但却一样可以帮助别的生灵，成为为世界增添美好的好天使。"天使若有所思地站在那里一动不动。

忽然，一个男孩跌倒在地上，他哇哇大哭的声音传到了正在思考的天使和正在说话的上帝耳朵里。天使迈步想去扶男孩，却被上帝拉住了，上帝让他静静地看。不一会儿，天使就看见不远处一个十多岁的女孩跑过去，扶起哭泣的男孩，然后给了他一颗糖安慰他，并带男孩去找他的家人，小男孩开心地笑了，他们的背影消失在街道的尽头。天使笑了，上帝没有说话，而是继续往前走。

转眼间，他们已经到了一条马路的拐弯处，一个坐在轮椅上浇花的老妇人吸引了天使的目光。老妇人在篱笆围成的花园中边洒水边唱歌，虽然她的行动不方便，但可以看出她快乐的样子。天使走过去笑着跟她打招呼："您好！您的这些花真漂亮，我想您一定学过种花吧?"

老妇人爽朗地笑道："这些花都是我邻居的。他们出去旅游了，现在不在家，我只是在他们不在家的时候帮忙照看一下。"

天使转过头对上帝说："谢谢您，上帝，我已经明白了天使的真义，我知道要怎么做了。"

"那你说说天使的真义是什么，而你又明白了什么呢?"上帝的眼睛里洋溢着微笑说道。

天使不紧不慢地说："天使的真义就是传递幸福和快乐，不是一定要有什么才能做什么，而是自己力所能及能够做什么。天使不是因为有翅膀才受人爱戴的，而是因为帮别人做事情才会受到别人的爱戴。”

上帝颔首。

人要认识自己的内在条件，而不应该注重自己的外在条件。要想清楚地认识自己，就需要深刻地了解自己。那样才会知道自己缺少什么、需要什么，才会有前进的目标。

人生不会因为拥有什么才能做什么，而是要做自己能做的事情。人生是独行的，独行的人生才能更好地彰显品行。没有人会陪伴自己一辈子，人更多的时候是独立行走的，能做的也是力所能及的事情。只要尽了自己的本分，做了应该做的事情，那么人生就是绚丽多彩的。

独处是另一种修行

佛家有语：“接客如独处，独处有佛祖。”意思是说，清净的独处容易使大智慧展现眼前，杂乱中安定才是真正的安定。人们往往把交往看做一种能力，却忽略了另外一种能力——独处的能力。独处在一定意义上是比交往更重要的能力。换句话说，就是不擅长交际固然是人生的一种遗憾，但耐不住孤独的寂寞也未尝不是人生的一种遗憾。

独处并非所有人在任何时候都可以拥有的一种能力。人生具备这种能力并不意味着不再感到孤独、寂寞，而是在于能够在寂寞的时候安于寂寞，并且能够使寂寞具有原动力。当一个人在寂寞的时候会有多种形态，归纳起来其实就是三种：第一种状态是惶恐不安，茫然无头绪，做任何事情都没有心情，一心想逃出独处的寂寞；第二种状态是逐渐习惯自己周身的寂寞，静下心来，把生活弄得有条不紊，利用读书、写作、交友或别的事情来驱赶寂寞，度过寂寞难耐的日子；第三种状态是把寂寞当做一片诗意的土壤、一种可以利用的创造的契机，引发出人生内在的关于生命、价值、观念等的深邃思考和体验。

独处是对人生中美好时刻和美好生活的体验，独处虽然有些寂寞，但是寂寞中却有一种充实的感觉。人在孤独的时候，就是从人和事务中抽出身来，回到只有自己的境界，然后寻找自己灵魂生长的必要空间。一个人的时候面对的只有自己，开始了与自己心灵的对话以及与宇宙中某些神秘力量的对话。严格地说，一切灵魂的复活都是在独处时展开的。虽然能够和别人一起谈古论今，引经据典，但那只是闲聊和讨论，只有自己沉浸在古往今来的大师们的杰作中时，才会产生真正的心灵感悟。虽然和别人一起游山玩水，但那只是旅游和消遣，只有当独自面对群山和浩瀚的大海时，才会真正感受到自己与大自然的深层沟通。

从心理学的观点来看，人之所以需要独处，是因为要进行自身内在的整合。整合就是把新的经验放到自身的内在记忆中的某个合适的位置上。只有经过这样一个整合的过程，外来的经验和印象才能被消化，然后自己也就能成为一个既可以独立又能生长着的系统。所以，是否有独处的能力，影响着一个人能否真正形成一个相对自足的自我内心世界，而这进而又会影响他与外部世界的关系。

如何去判断一个人到底有没有他的“自我”境界呢?这里有一个可靠的检验方法，就是看这个人能不能独处。自己一个人待着的时候，是感到百无聊赖、孤寂难熬呢，还是感到一种宁静安详、充实满足?

一个人的性格与独处是没有任何关系的，爱好独处的人可能是一个性格活泼开朗、喜欢广交朋友的人，只是无论他怎么乐于与别人交往，独处始终是他生活中必须经历的。

世界上没有任何人能够忍受绝对的孤独。但是，绝对不能够忍受孤独的人却是一个灵魂空虚的人。世界上有这样一部分人，他们最怕的就是独处，最耐不住的就是寂寞，独处一会儿对他们来说简直是一种酷刑。只要闲下来，他们肯定会找个地方去消遣。这些人的日子表面上过得十分热闹，实际上他们的内心极其空虚。他们所做的一切都是为了想方设法地避免自己面对的情形。对于这种情形只能有一个解释，那就是连他们自己也感觉到了自己的贫乏、内心的空虚。和如此贫乏的自己待在一起是没有意思的。这样做的结果是让他们变得越来越贫乏，越来越没有趣味，越来越没有了自己，然后形成一个恶性循环。

人生在世，不管是喧嚣的热闹，还是怀才不遇的寂寞，都是人生必经的历程；只有有了“蓦然回首，那人却在灯火阑珊处”的感慨，才会有“沉舟侧畔千帆过，病树前头万木春”的希冀……所有的一切都是只有自己经历了，才能品味各种酸甜，体会人生的沧海桑田。

人生是寂寞的，因为寂寞，人生才变得更美丽。在寂寞里提升做人的境界，在寂寞里品味人生的五味杂陈，把独处当做一种能力，独处是人生的另一种修行。

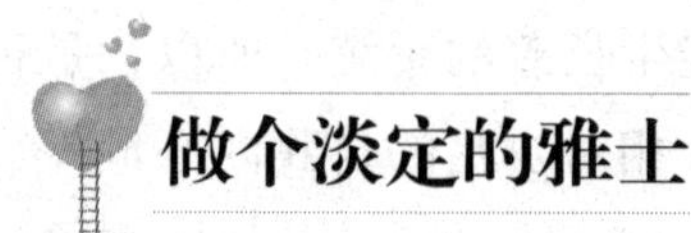

做个淡定的雅士

寂寞和孤独是现代都市人的一种固有的通病，更是所谓文化人的一种通病。世间的大多数人都是寂寞的人，而孤独是伴随寂寞的少数人的影子。优秀之人就是这少数人中的少数，因为优秀的人是耐得住寂寞和孤独的。很大一部分人在不知不觉中做了寂寞的俘虏，而那些具有雅士之淡定的人，则可以坐在孤独和寂寞的高处，细细品尝那份永远醇香的寂寞香茗。

寂寞只是世人生存层面里的一个状态，而孤独就是一个存在于寂寞里的个体。我们要让孤独代替寂寞，让孤独包揽寂寞，让自己陪伴着自己，把自己托付给子夜的黑暗，托付给温和的晨曦，托付给能放下伪装的内心世界，静静地进行笔耕，让自己的思绪飞进那遥远的世界，爬书山而闻海浪。遇到下雨或飘雪的日子，就将自己交给那些神游的时光，做一个心怀淡定的雅士，不做黑夜里孤独寂寞的俘虏。

淡定是一种境界，是一种修养，是一种超然世外的意识。只有自身的修养达到一定阶段，才能产生淡定并且拥有淡定。拥有了淡定，也就拥有了风度，就不会屈服于寂寞，成为寂寞的俘虏。淡定是一种气质和内涵，世人应该拥有淡定的心态，在面对人生的潮涨潮落时坦然处之。

淡定是一个人内在心态修炼到一定程度呈现出来的那种从容、优雅，淡定是一种思想境界，是一种心态，是生活的一种状态。我们每个人都应该怀揣这种心态，那样在生活中才会泰然处之、宠辱不惊，不会因为太过高兴而忘乎所以，也不会因为太过悲伤而痛不欲生。

人生寂寞的事情太多了，寂寞的时候也有很多。有些人风风光光地活了一辈子，到最后竟然发现自己寂寞了一辈子。寂寞的开始是平淡的生活，当这样的生活无休止地向身体蔓延时，人就会感到强烈的寂寞，但是慢慢地就会适应，然后会发现寂寞其实是人生的又一种情致、另外一种生活。

但很可惜的是，真正能适应寂寞的人，并且最后发现寂寞好处的人少之又少，人们往往刚开始过平淡生活的时候就认为自己是寂寞的，生活是空虚的。其实那时的寂寞不叫寂寞，叫烦躁；空虚不叫空虚，叫寂寞的俘虏。因为有太多的诱惑令人无法抵制，于是烦躁让人陷入了空虚，空虚是生活的坟墓，空虚使人成为寂寞的俘虏。

从容、淡定的人总是笑看人生，他们有着雅士一样的风范，即使他们已不再年轻，或许岁月的印痕已刻上他们的额头，或许病痛已经在折磨着他们，或许世态炎凉已经把年轻时的梦打碎，但是在人生的路上，他们仍然会以矫健的步伐勇敢前进，把欢乐和笑声传递给他人。他们是生活的强者，因为他们怀有一颗雅士的淡定之心，他们可以不因烦琐而困扰，可以不因窘境而沮丧，可以不因承受压力而服从……他们完全是超脱的，以至于他们的一颦一笑、一举一动都宛如在轻风和流水之间，尽显雅士的本色。

淡定的人是一幅清新、隽秀的山水田园画。无论外界是风起云涌，还是世事变迁，他的内心总是一派处事不惊、安详、宁静的意境。因为他是雅士，有着一颗淡定的心，所以他能够不屈服于寂寞。

生活中需要耐得住寂寞，因为这样你才不会被生活操纵。做人要耐得住寂寞，要守得住清贫，不必太在意生活的得失。雅士的淡定人生，总是能呈现出历尽沧桑却依然随遇而安的美丽。人们要怀揣雅士的淡定，不做寂寞的俘虏。

坚守无人喝彩的岁月

无人喝彩的人生就似没有花香的小径，看起来就让人觉得孤独、暗淡。人生的赛场大多是以众人的喝彩开始的，亲人在身后关注，朋友在两旁助威，人大多是在亲朋好友的赞美与喝彩声中成长起来的。但人生是不断向前的，前行就意味着会走出亲人关注的视野、朋友关怀的目光，然后经受孤独和痛苦的煎熬。甚至，在人生刚刚蹒跚前行的时候，就有诽谤和嘲讽。人们该如何去面对这些，又将如何去默然坚守呢?

沙滩能让汹涌澎湃而来的海浪心平气和地退去，并且留下美丽的贝壳，可想而知沙滩的胸襟是何其坦然、何等博大。那些只习惯于被鲜花簇拥的春天般的生命，又将如何度过群芳凋零的冬天呢?用人生的孤独和痛苦去检验生命的弹性，能让人更真切地感受生命的硬度，体会精神的韧性。生命是在人生的承受和忍耐中度过的，而不是在他人的喝彩声中前行。

一个年仅14岁的女孩家境贫寒，迫于生计不得不辍学谋生，为了生活在社会上到处奔波。至此，她的生命之树开始了落叶般的日子。

她像成人那样拼命地挣钱，曾因计较几角钱被众人嘲笑；在进货的路上，她发高烧晕倒在路旁，没人理睬；男友在她最需要帮助的时候拂袖而去，离开了她。只有上天知道，那段无人喝彩的日子她是怎么熬过来的。

现在的她褪去了青春稚嫩的颜色，被岁月打磨得成熟而稳重。如今的她，事业有成，被成功的光环环绕着。但是只有她自己知道，是那段无人喝彩的日子，成就了她如今的刚强和耀眼的风采。

其实，对生命而言，能否赢得别人的喝彩并不重要。由衷的喝彩对自卑和脆弱的人来说是一种无形的巨大力量，是一根能支撑身体前行的手杖。但

是在这个浮躁的时代，许多喝彩更多地成了随意的问候或是礼节性的安慰，甚至是许多人为达到一定目的的谄媚和精神贿赂。如此廉价的掌声和虚伪的喝彩只会让人陶醉在虚无的泡沫中，放慢了前行的脚步。

在一个遥远而偏僻的山谷里，有一个高达数千尺的断崖。不知道什么时候，断崖边上长出了一株小小的百合。百合刚长出来的时候和其他杂草没有任何区别，但是它自己知道，它是一株百合而不是一棵草，它告诉自己："我一定要开出美丽的花！"

百合努力地汲取阳光和雨露，不放过任何一个成长的机会，终于在一天的早晨结出了第一个花苞。这时，附近的杂草开始对百合进行嘲讽，说它的花苞只是脑袋上的一个瘤，说它是在做梦……就连偶尔飞过的蜂蝶也会劝它不要那么努力地开花，因为即使再美丽的花也是没有人欣赏的。百合不说话，它坚信它的使命，那就是开出花来，证明自己，不管有没有人欣赏。

就这样，过了一年、两年、三年……山谷、草原和悬崖边上到处都开满了美丽的百合。远在百里之处的人，千里迢迢赶来欣赏百合花。人们被百合的精神感动了，他们用百合花去教育孩子与爱人一起欣赏，在那里许下了百年好合的愿望。那个地方被人们称为"百合谷地"。

在人迹罕至的山谷里，百合执著而努力地开花，没有人看见，没有人欣赏，也没有人喝彩。它的纯洁、美丽、芳香，只附于清风和白云。即使是寂寞地盛开，它也从未放弃。它耐住了人生中最寂寞的时候，耀眼地绽放，闪耀着永久的光辉。

古语说："君子慎其独也。"就是说：人在独处的时候也不要放弃修炼自己，不放弃努力。如果能在人前盛开固然很好，那就要珍惜这难得的机会；如果没有在人前绽放的机会，也不要消沉，也要认真地盛开。自己应该坚信，自身拥有的芬芳和美丽是别人无法取代的，就像山谷里的百合一样，在无人喝彩的岁月里依旧绽放自己的风采。

黎明不是因为鸡鸣而到来，鲜花不是因为赞美才芬芳，人生更不会因为众人的喝彩才耀眼。无人喝彩的人生，仍然需要昂扬阔步地迈向前方；没有掌声的世界，同样需要虔诚地歌唱。只要心中充满爱，充满了对美好生活的希望和渴求，就不会太在意跋涉的途中是否有花香满径，是否有掌声雷鸣。

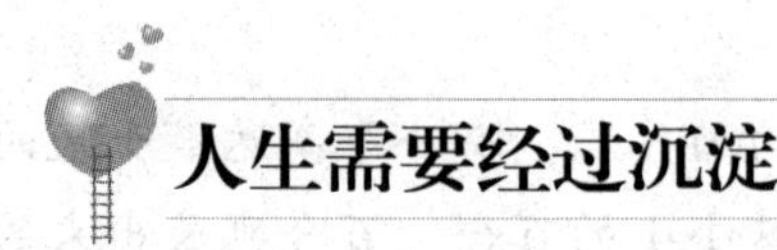

人生需要经过沉淀

人性是脆弱的，因为随时可能因为外界的诱惑影响自己。但人们应该有一种自我更新的能力，就是要像电脑的回收站一样，要时常清空以保持运转速度，在接纳外界事物的同时应学会不断地自我沉淀，不停地自我净化，这样才会让自己日趋完美。

人生就是一个不断自我沉淀的过程。人生总是在经历一些事情，然后又逐渐地忘记一些事情，最后留下的就是自己拥有的东西。在人生的道路上，每个人都有一个自我沉淀的过程，这是一个不断的自我扬弃、自我超越的过程。

沉淀需要一步步地积累，因为沉淀的并不是完全有形的、可以看见的东西。

也因为如此，社会上有些人打着“沉淀自己”的旗帜，四处作秀，到处去宣传自己，希望世人可以对自己高看一眼。而真正懂得沉淀自己的人是不会张扬的，他们会把沉淀看做一个至高无上的礼节，会怀着虔诚的心去自我沉淀。不需要众人的喝彩和掌声，只要自己心境明亮。

约翰失业后，心情糟透了，对任何事情都丧失了兴趣。他决定到镇上的教堂去找牧师，他要跟牧师诉说自己的烦躁。牧师听完了约翰的诉说并没有说话，而是把他带进了一个古旧的小屋里，屋子看起来很陈旧，屋内的设施也极其简陋，只有一张桌子和桌子上放着的一杯水。

牧师看出了约翰的疑惑，微笑着对他说：“你看这只杯子，发现它有什么特别吗？它澄清而透明，对吗？但是它在这儿已经放很久了，而且几乎每天都有灰尘落下，但是它依旧很干净，你知道这是为什么吗？”

约翰认真地思索了一会儿后，说：“灰尘都沉淀到杯子底下了。”牧师赞同地点点头，然后对约翰说：“年轻人，生活中烦心的事有很多，似乎每天都能遇到，而这些烦恼就像掉在水中的灰尘一样，但是我们可以让它沉淀到水底，以保持杯子的清澈透明，使自己心情好些。如果你不断地振荡，那么那些不多的灰尘就会使整杯水混浊不堪，会令你觉得烦心，影响你的判断能力和情绪。”

沉淀就是一个去除污垢的过程。不需要别人的帮忙，别人也帮不上忙，沉淀重在自己。因为只有自己才知道自己最想要的是什么，最需要怎么做。去除身心的疲惫只有不断地沉淀自己，看清楚自己，那样就会使心情“阴转晴”了。

六月的一天，佛陀一行人走在路上，天气十分炎热。临近中午的时候，大家都觉得口渴难耐，佛陀看看头上的太阳，对弟子罗汉说：“前面不远处有一条小河，你去取些水来，大家就在这里等着，暂时不走了。”

罗汉提着装水的皮囊来到佛陀说的小河边，小河由于天气的原因已经被蒸发得成了一条小溪。因为过路人来这里饮水，车马又从中穿过的缘故，溪水变得十分污浊。

罗汉看了看混浊的溪水，无奈地提着皮囊回到佛陀的身边，告诉大家水已经很脏了，无法将它取回来解渴做饭，还建议佛陀带领大家继续前行，去找另外一条清澈的河流。

佛陀抬头看了看头上的太阳，又看了看疲惫不堪的众人，转身对罗汉说：“你还是去那里取些水来吧，今天我们就走到这里，吃了饭我们再赶行程。”

罗汉心里不想去，因为他觉得去了也是浪费时间。但是佛陀的指令不能违抗，他只能再次提着皮囊来到溪边。溪水依然污浊不堪，看着还是无法使用。这次，罗汉不敢空手而回，他从小溪里取了半袋泥水回来。佛陀看了看污浊的泥水，对罗汉说：“我不是不信任你，你也没有必要取半袋泥水回来给我看，你应该在那里等，看事情会起什么变化。”

罗汉有点恼怒地说：“如果我们去寻找下一处水源，情况就不会是这样了。”

佛陀说：“不是的，这样做不符合世人做事的道理。你能保证另外一条河里的水不是这样吗？如果不清澈你又该怎么办呢，还要回来找这条河吗？你现在再回去，还是到那条河里去取水，这才是最方便的办法，也是我们做事的一贯道理。”

罗汉犯难了，但又不能不回去，不禁问道：“大师让我再去取水，是否有什么办法使那溪水变得清澈纯净呢？”

佛陀说：“你什么也不要做，只需等在那里就行了，否则你将会使溪水变得更加混浊，如果所有人都不进入那片水域，那么溪水早就有了变化。现在你要做的是等在那里，等它自己变化就行。”

罗汉第三次返回溪边，水里的泥沙渐渐地沉淀了。一会儿工夫，整条小溪就变得清澈明亮了。面对这样的情景，罗汉先是惊讶，接着就高兴地笑了起来，快乐地把水取回去了。

佛陀说：“今天我还没有向大家讲法。刚才大家也看到了罗汉三次取水，就当做是我今天给大家讲的法吧。”

佛陀接着说：“天下没有什么东西是永恒不变的，事事都在变化。只要你参透了这一点，你就会懂得耐心地等待，什么变化都有可能发生。所以，作为人，我们没有必要让烦恼长久地停留在我们的内心。”

这就是沉淀，沉淀自己心灵上的污垢，那些污垢就是环绕在心头的烦恼和忧愁。如果烦恼过不去，那一定是自己在搅动，而并非烦恼本身不走。

其实，沉淀的真正内涵是“吹尽黄沙始到金”的扬弃，是去伪存真、去粗取精的精挑细选。不仅要有等得千帆过而心不动的耐性和毅力，而且要有一双看透事物本质的慧眼。

一年的夏天，一个国学老师沿着黄河旅行，他用瓶子灌了一瓶泥浆翻滚的水，水瓶里十分混浊，看不清楚是沙还是水。一段时间后，瓶子里的水开始变清，泥沙沉淀到了杯底，泥沙上面的水变得很清澈，泥沙全部沉淀只占整个瓶子的1/5，而其余的4/5则变成了清清的河水。透过瓶子，国学老师想到了很多，也领悟到了许多：生命中的幸福与痛苦就如这瓶中的水一样，要学会沉淀生命。人之所以觉得痛苦是因为在追求错误的东西，有些人能感觉到很幸福是因为他们会沉淀生命。就如瓶子里的水一样，等到平静下来，一切又恢复了清澈与透亮。如果我们能够静下心来，让烦恼与痛苦沉淀在我们的心底，不管烦恼与痛苦是否能够消除，它们也只是占据我们心里的一小片空间，而大部分的空间就会被幸福充满。

人们经常在匆忙和浮躁中拼命地“摇晃”生活，没有想过静心地去思索自己的心灵。所以会看到生活变得一片混浊，使幸福掺杂了痛苦的成分。尤其是人在心情不好、烦躁的时候更容易震荡自己，使生活混浊不清，于是就会感到更加痛苦、烦恼、焦虑。这不是因为痛苦多于幸福，而是人们运用的方法不合适，使痛苦像脱缰的野马，随意奔跑在生活的每一个角落。人们应该学习瓶子里的泥水——把淤泥沉淀下来。把那些烦心事当做每天必落的灰尘，让它们自己慢慢地、静静地沉淀到心底。用宽广的胸怀去容纳它们，那样灵魂会变得更纯净，心胸会变得更豁达，人生会变得更快乐。

沉淀自己需要的是“不畏浮云遮望眼，静看碧空云舒卷”的人生境界。一切的急躁不安和急功近利都会使人看不清自己，迷失自己而步入歧途，欲速则不达甚至事倍功半。要沉淀自己，就是要清除心灵上那些在尘世中沾染的杂质，这样的人生才是日趋完美的人生，这样的沉淀才是人生的追求。

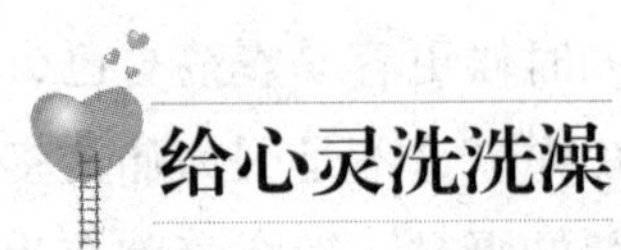

给心灵洗洗澡

斗转星移，时间稍纵即逝。任何事物都经不起岁月的洗礼，心灵也不例外。人的心灵深处是一方净土，也是人的精神支柱，是真、善、美、丑集中闪现的地方。那里有岁月的痕迹，有历史的碎片，有时间的沧海桑田。然而，岁月留下的尘埃要经常洗涤，否则会灰尘堆积，掩埋了原来纯洁的心灵。

用真去洗涤心灵，它就会坦荡无私；用善去洗涤心灵，它就会忠纯谦和；用美去洗涤心灵，它就会崇高靓丽。相反，用假去洗涤心灵，它则会空洞困乏；用恶去洗涤心灵，它会黯淡渺小；用丑去洗涤心灵，它会畸形扭曲。所以，要想把心灵洗涤得干净而明亮，必须要选择用真、善、美配好的圣洁之水，那样心灵才会如蓝天一样广阔，如月光一样宁静，如雪一样洁白。

一个小和尚化缘回来，刚进门的时候就看见师父端坐在禅房门口，在太阳下大汗淋漓，泪流满面。小和尚非常惊讶，他疑惑地问道：“师父，您怎么了？”

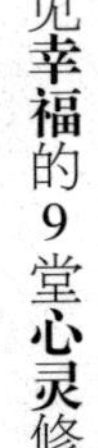

师父心平气和地说：“没怎么，我在沐浴呢！”

小和尚更加迷惑了，他在师父身边转了几圈后又凑过去问道：“师父，我怎么也看不见您是在沐浴、洗涤啊？”

师父静静地说：“我是在沐浴、洗涤自己的心灵，你当然看不到了。”

小和尚更好奇了，他想探个究竟，又问道：“怎么才能为自己的心灵沐浴和洗涤呢？”

师父说：“点燃一颗感恩戴德的心，在自己的心底煮沸半腔开水，再加入仁义、孝慈，还有反思、忏悔等几味名贵的药材，就可以为心灵药浴了。”

如果有人能经常为自己蒙垢的心灵沐浴和洗涤，那么这个人的心就会因为沐浴而亮丽如初、圣洁高尚。

洗涤心灵就像洗涤衣物一样，只有经常洗涤，才会干净亮丽。在人生的大潮中，会经历数不尽的风风雨雨，只有时常洗涤自己的心灵，才会让心灵不被世俗的污垢和尘埃蒙住眼睛，迷惑心智。有的放矢地寻找这些污垢和尘埃，用仁义、孝慈、忏悔等去反复地清洗，那样的心灵才会时刻光鲜亮丽。

明朝有个叫董京的人在京城做官。有一年山东大旱，董京被朝廷派往山东指挥抗旱，后因抗旱有功，回京后不但有重赏还官升一级。当世人都在传颂他的先进事迹时，他却出人意料地向朝廷揭发了自己的罪行：他曾截留过朝廷下放的救灾银两。然后，他把截留的银两如数退还给了朝廷。他要求将功赎罪，不要朝廷给自己的官位和赏赐。

事后，有人讥笑他傻，说朝廷并不知道他曾截留救灾银两的事，为什么要在升官发财的时候去揭自己的短。对此，董京是这样回答的："山东大旱，颗粒无收，民不聊生，老百姓都没有吃的，有的都饿死了，哀鸿遍野的景象让人惨不忍睹。灾民的遭遇让我觉得心里很难受，深感过去截留救灾银两的罪过。在抗旱救灾中，汗水冲走我身上尘土的时候，也洗去了我心灵上的污垢，所以我要在获得荣誉时揭发自己，以减轻内心的愧疚，求得心灵的宽赎。"董京简短的几句话道出了一个道理：历经生与死、血与泪的亲身体验后，人的心灵会得到洗涤，精神会得到升华。后来，董京成了不可多得的清官。

曾经有哲人这样说过：人有天使的一面，也有魔鬼的一面。天使的一面就是乐善好施；魔鬼的一面就是贪婪成性。不管是天使还是魔鬼，都是有七情六欲的。"人非圣贤，孰能无过？"关键是我们能否及时清理心里的私心杂念，洗涤心灵的污垢，把魔鬼的一面消除。否则，当魔鬼的一面占领人思想的时候，人的心灵就会丧失自我，迷失在灯红酒绿、纸醉金迷之中，淹没在灵与肉、泪与笑的搏击之中，再也找不回自己的灵魂了。

洗涤心灵，贵在自我清洗。因为自己才是心灵家园的清洁工，也只有敞开心扉，才能看见心灵的污垢。如果用双手遮住自己心灵深处的污垢，自欺欺人，那样污垢是永远也洗涤不净的。

洗涤心灵，贵在时常。假如我们每天都用“吾日三省吾身”来扪心自问：这顿饭要不要去吃、这个地方要不要去、这笔钱能不能拿、这个条子是否可以批、这个人情可不可以卖……在问过这些之后，我们就会作出正确的选择，污垢就不会成为障碍。

“物洗则洁，心洗则清。”经常洗涤心灵，就会使自己更加完美。

| 任何幸福，都不会十分纯粹，多少总掺杂着一些悲哀。|

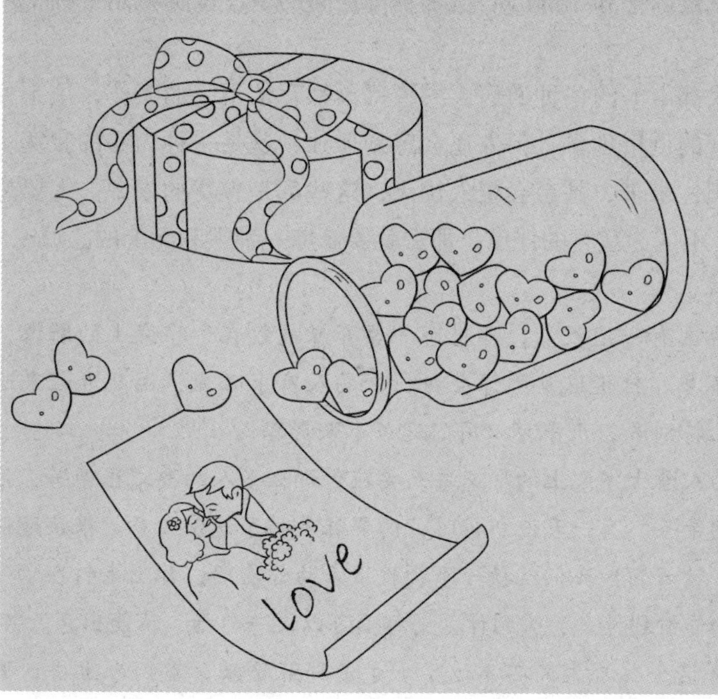

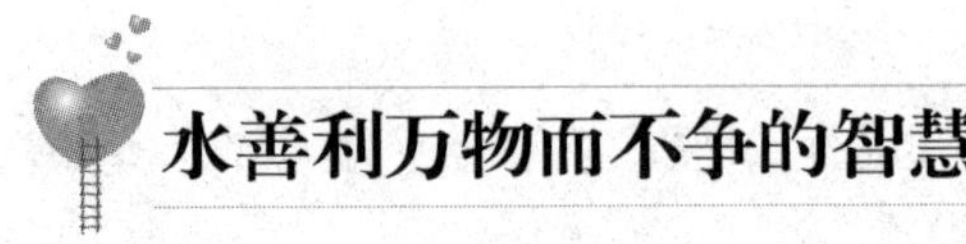

水善利万物而不争的智慧

老子的道经里有一篇名叫《上善若水》的文章，文中写道："上善若水，水善利万物而不争。处众人之所恶，故几于道。居善地，心善渊，与善仁，言善信，政善治，事善能，动善时。夫唯不争，故无尤。"大致的意思是说：最高的善就像水一样，因为水善于滋养万物，而水又不与世间万物相争，停留在众人讨厌的低洼之处，这跟道很相近。待在一个自己应该待的地方，心里要向深潭一样清澈平静，与人交往要心存友善，说话要讲信用，忠于职守，用自己的业绩说话，做自己力所能及的事情，准确地把握事情的时机。

老子主张"上善若水"强调的是"心善渊"、"与善仁"、"利万物而不争"的心境，是以平和宁静的心境来对待世间的事。寂寞就是一种平和无上的心境。

寂寞是现代都市人的一种通病，尽管每天都有忙不完的工作，甩不掉的应酬，挣脱不开的世俗琐事，但人还会感到孤独，这是一种内心的寂寞。会惆怅过去，会担忧未来，甚至会杞人忧天，这些都是寂寞的根源。人要想在寂寞里不沉沦，不成为寂寞的俘虏，那么就要修炼一种平和无上的心境。

北欧西部地区有一座教堂，那里有一尊耶稣被钉在十字架上的雕像，大小和一般人差不多。传说这座雕像会对祈求的人有求必应，因此专程来这里祈祷、膜拜的人特别多，几乎可以用门庭若市来形容。

看守教堂的人看十字架上的耶稣每天要应付那么多人的要求很辛苦，他希望能分担耶稣的辛苦。有一天他祈祷时，向耶稣表明了这份心意。很快地他听到一个声音说："好啊！我们就换一下，我下来为你看门，你上来钉在十字架上。但是，无论你看到什么、听到什么，都不可以说一句话，不能出声。"

看门人觉得这个要求太简单不过了。于是耶稣下来，看门人上去，因为雕像本来就和真人差不多，所以来膜拜的人不会怀疑看门人是假的，看门人也依照先前的约定，静默不语，聆听善男信女们的心声。来往的人潮络绎不绝，他们的祈求千奇百怪。有祈福的，有求财的，有保平安的……有合理的，也有荒谬的。但无论如何，看门人都强忍下来而没有说话，因为他必须信守先前的承诺。

有一天来了一位富商，他滔滔不绝地讲完以后，竟然忘记手边的钱便离去了。看门人看在眼里，想叫富商回来，但是，想到承诺他只能忍着不说。紧接着来了一位穷困潦倒、三餐不饱的穷人，他祈祷耶稣能帮助他渡过生活的难关。正当要离去的时候，他发现先前那个富商留下的袋子，打开一看，里面全是钱。穷人高兴得不得了，口里念着“耶稣真好，有求必应”离去了。十字架上的假耶稣看在眼里，想告诉穷人，这不是他的。但是，想到约定在先，他仍然忍着没有说。

之后来了一位要出海远行的年轻人，他是来祈求耶稣保佑他一路平安的。当他祈祷结束要离去的时候，富商冲了进来，不问青红皂白就抓住年轻人的衣襟，要年轻人还钱。年轻人不明就里，于是两人吵了起来。这个时候，十字架上的假耶稣终于忍不住开口说话了。富商把事情理解清楚后便去找那个穷人，而年轻人则匆匆离去。真的耶稣出现了，指着十字架上的看门人说：“你下来吧！你没有资格站在那个位置上。”看门人说：“我把真相说出来，主持公道，难道不对吗？”耶稣说：“你懂得什么？那位富商并不缺钱，他的那袋钱不过是用来挥霍的，可是那袋钱给那个穷人，却可以解决一家人的温饱问题；最可怜的是那位年轻人，如果富商一直缠下去，延误了他出海的时间，他就能保住一条命了，可是现在，他所搭乘的船正沉入海中。”

在现实生活中，我们常认为自己的方法和方式不管怎么样都是最好的，但往往事与愿违，使我们感觉到不公平。但我们应该相信：目前我们所拥有的，不管是顺境还是逆境，都是对自己最好的安排。也因为如此，我们才能在顺境中感恩，在逆境中依旧心存欢喜。人生的事没有十全十美，但是，我们应认真地活在当下。马斯洛曾经说过：“心若改变，你的态度跟着改变；态度改变，你的习惯跟着改变；习惯改变，你的性格跟着改变；性格改变，你的人生跟着改变。”

在当今物质纵横的世界里，一个人要做到心境的平和与安定，关键要靠自身的修养。在高速发展的社会，人们在忙碌的同时更多的是感到空虚、无聊、寂寞。要如何克服寂寞，怎样才能在寂寞里耀眼地绽放呢？那就把寂寞当做一种修养，把寂寞修炼成一种平和无上的心境，这样人就变得开阔了。

第七课

让微笑变成一种习惯

让微笑变成一种习惯，赶走坏情绪。这是一种对生活巨大的热忱和自信，是一种高格调的真诚与豁达，是一种直面人生的成熟与智慧。这样的人生，无论好坏皆坦然，无论成败皆精彩。

别让心里的乌云遮住阳光

很久以前，有一个叫巴迪克的人，每当他生气的时候就会跑回家，然后绕着自己的房子和土地跑3圈。后来经过努力，他的房子和土地越来越大。可是巴迪克一生气还是要绕着房子、土地跑3圈，哪怕累得气喘吁吁，汗流浃背也要坚持。就这样巴迪克渐渐老了，跑不动了，需要拄着拐杖才能走路，但是他生气的时候还是坚持绕着房子和土地走3圈。

有一次，巴迪克因和儿子吵架生气了，他又拄着拐杖去外面绕圈，可是太阳已经下山了，他还没有绕完自己的土地，孙子担心爷爷会有什么闪失，就跟着他。孙子问："爷爷，您生气的时候为什么要这样做？这里面有什么秘密吗？"

巴迪克一边气喘吁吁地走着，一边说："爷爷年轻的时候一和别人吵架生气，就绕着自己的房子和土地跑3圈，边跑边想，自己的房子这么小，土地这么少，哪有精力和时间去跟人生气，把生气的时间用来努力不是更好吗？一想到这儿，我的气就消了。这样我就有更多的时间和精力去努力干活。"

孙子有些不解地又问道："爷爷，您现在老了，又这么富有，为什么还是一生气就绕着房子和土地走3圈呀？"

巴迪克笑呵呵地说："现在老了，生气的时候我绕着房子和土地走3圈，边走我就会边想，我现在的房子这么大，土地又这么多，又何必和别人计较呢，生气的时间不如好好地安享晚年，晒晒太阳，呼吸新鲜空气不是更好吗？"

不要让乌云遮住你快乐的心灵，不要让愤怒吞噬你平和的心境，做事情不是为了生气，豁达一点，放松一些，你就会发现成功路上会少了很多障碍，心灵深处也会是一片海阔天空。

波特维尔是一个非常内向的人，他总是少言寡语。如果遇见朋友，他总是面带笑容地紧紧握住朋友的手，算是打招呼。在退休以前，每天早晨，他都乘坐公共汽车去上班。每每看着他独自一人沿着街道走向公共汽车站的时候，邻居们都会为他担心。因为在第二次世界大战中，一颗子弹打伤了他的一条腿，使他至今走起路来仍显得有些跛。

有一天，当地教堂招募一位志愿者去管理神父住的花园。波特维尔立即作出了反应，以他一贯独特的谦逊，悄悄地前去登记报名。

就这样，退休后的波特维尔成为志愿者管理神父住的花园。在他87岁那年的一个夏天，他刚为花园浇完水，就看见有3个不良少年一步一步靠近了他。波特维尔对他们那种不怀好意的企图视而不见，只是问："你们想喝水吗？"

"是的，我们想喝水。"3个人中个子最高、身体最强壮的家伙狡黠地笑着说。

当波特维尔把水管递给他们的时候，另外那两个少年却乘势上前抓住了波特维尔的胳膊，把他摔倒在地。水管摇摇晃晃地掉在了地上，地上顿时水流成河，许多东西都浸泡在水中。那3个可恶的家伙抢走了波特维尔的钱包和退休时发的纪念手表，然后就逃跑了。

波特维尔想试着自己站起来，但是，由于那条伤腿的原因，他没能站起来。

当神父跑过来帮助他的时候，他正想要聚集全身的力气站起来。"哦，波特维尔，你受伤了吗？你感觉怎么样？"神父一边扶波特维尔站起来，一边问道。

波特维尔吃力地站起身来，湿透的衣服紧紧地裹在他那瘦小、颤抖的身躯上。他叹息着摇摇头说："哎，他们还只是一些年轻无知的孩子，希望他们有朝一日能够有所悔悟。"说完波特维尔弯腰捡起水管，调节好龙头，又开始浇花。

几个星期之后，那3个少年又来到了花园。像上次一样，波特维尔再次邀请他们从水管里喝水。

这次，3个少年见波特维尔没有什么可以抢劫的了，于是就抢过水管，用那冰凉的水对着波特维尔，把他从头到脚浇了个透。一番侮辱之后，他们还幸灾乐祸地唏嘘咒骂着，最后沿着街道大摇大摆地扬长而去。

波特维尔默默地望着他们远去的背影，缓缓地摇了摇头，接着转过身迎着温暖的阳光，继续浇着那满园的花朵。

夏天过去了，凉爽的秋天到了。一天，当波特维尔正在花园里松土的时候，只觉得有什么东西绊了他一下，身体猛地向前跌去，当他努力想站起来的时候，一双手将他扶了起来，他一看竟是三番五次地伤害过自己的3个不良少年中的高个子头目。波特维尔身体往后退了退，然后警惕地看着那个人。

“老先生，您别担心，这次我不是来伤害您的。”高个子年轻人一边温和地说，一边用他那布满文身和伤疤的手紧紧地扶着波特维尔，然后从他的衣兜里拽出一个皱巴巴的钱包，递给波特维尔。

波特维尔吃惊地问道：“这是什么？”

“这是您的东西，”高个子年轻人有些不好意思地解释道，“这是您的钱包，您数数里面的钱，一分也不少。”

“我不明白，”波特维尔不解地问道，“为什么现在你会将这个东西还给我？”

年轻人看上去非常窘迫，他局促不安地说，“我从您这儿学到了很多东西，过去，我们到处伤害像您这样的人。之所以选择您，是因为您年龄大，不会对我们造成威胁。但是，当我们对您做过那些不义之事后，您不但没有还击，也没有大喊大叫，甚至每次还给我们水喝。您没有因此而憎恨我们，一直以来向我们展示的始终是您的宽容和爱！”

年轻人停了一会儿继续说，“自从抢劫了您的东西以后，我每天都睡不好觉。我想，把它还给您，我就会安心。”

说完，年轻人尴尬地站在那里，嘴角动了动，过了一会儿又说：“老先生，您拿着吧！就让这个钱包成为我改邪归正的见证吧！谢谢您改变了我的一生。”说完，他鞠了一个躬后就沿着街道远去了。

在那之后没多久，波特维尔就去世了。虽然天气异常寒冷，但是许多人都自发地参加了他的葬礼。葬礼中,有一个高个子年轻人正静静地坐在教堂中一个偏僻的角落里为波特维尔祈祷。

第二年，神父又在教堂里贴了一张广告：急需一名志愿者前来管理波特维尔的花园。有一个人敲响了神父办公室的房门，他那双满是伤疤和文身的手正拿着那张广告。“我想，如果你接受我的话，我很想做这份工作。”他诚恳地说。

神父立刻认出他就是那个把抢来的东西还给波特维尔的高个子年轻人。神父祥和地说:“去吧，孩子，好好照顾波特维尔的花园。”

在那以后的几年里，年轻人始终尽心尽责地照顾着花园里的一草一木，就像波特维尔以前做的那样。在这期间，他读完了大学，和自己心爱的姑娘结了婚，在社会上有着良好的口碑。

宽容是一种做人的大气，是一种难得的胸怀。

在纷争不断、冲突迭起的现代社会里，适当的宽容不仅是必要的，而且是宝贵的，没有宽容就没有和平，没有和平就没有幸福和繁荣。你仇恨别人，就相当于给了那个人伤害你的力量，对别人没有损失，但对于自己却有着莫大的伤害。仇恨只能让我们的心灵生活在黑暗之中，而宽容却能让那些我们仇恨的人以及我们自己的心灵获得自由和快乐。

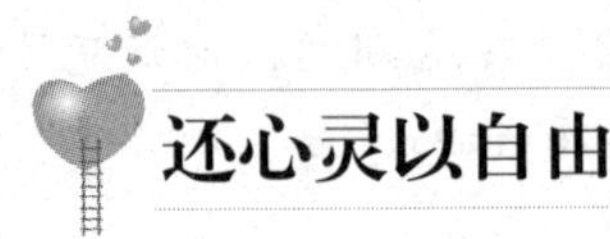

还心灵以自由

一只乌鸦和一棵老槐树成了邻居，乌鸦觉得尽管自己的叫声很难听，但老槐树不像人类那样讨厌它的叫声。在老槐树这里它可以肆无忌惮地敞开喉咙任意歌唱。于是，这对邻居每天都做着自己的事情，互不干扰，它们的生活很和谐，就这样过了很多年。

一天，乌鸦一不小心把老槐树的脸啄破了，乌鸦本来想向老槐树道歉，但是由于当时很忙，就把这件事情忘记了。乌鸦没在意，其实老槐树也没有放在心上，事情就这样过去了。

可是一天夜里，突然下起了暴风雨，暴风雨很强，老槐树年老体弱，不停地在风中摇曳着，它拼命地挣扎着，到了最后还是支撑不住身体，它的一只胳膊被风折断了，而乌鸦的家恰好在这只胳膊上。乌鸦幸好反应得快飞走了，可是它的孩子却被活活地摔死了。乌鸦很伤心，它哭着发誓一定要找老槐树算账。

暴风雨过后，乌鸦非常生气地对老槐树说："你昨天是不是故意的，怎么这么多年你从来没有折断过你的胳膊，偏偏在我不小心啄了你的脸后，你就要折断胳膊呢？你害死了我的孩子。"

老槐树由于受了暴风雨的袭击，加上年老体弱，大病一场，一句话也不想向乌鸦解释，也无力和乌鸦争论。乌鸦越想越生气，就拼命地骂老槐树："你以后没有好日子了，我要天天啄你，让你面目全非。"说完它不停地啄老槐树的身体，折腾了几天后，乌鸦搬走了，带着愤怒和仇恨离开了它的老邻居。

它搬到一棵小树上，并在这里安了家。乌鸦认为告别老槐树自己就得到新生了。可不久后同样的事情再次发生了，乌鸦很迷惑地问小树："我和你无冤无仇，你为什么要这样害我？"小树无奈地说："乌鸦老兄你是不知道呀，你以为我想这样吗，折了胳膊我要多少年才能修复上呀！我也是身不由己。”因为胳膊的疼痛，小树说完伤心地哭了。

乌鸦听后才恍然大悟，知道自己误会了老邻居。于是它飞回原处去看望它的老邻居。但当它回来时，老槐树已经死去了。乌鸦后悔不已，觉得自己当初不应该钻牛角尖，就想着报仇，根本不等老槐树解释，但是现在一切都已经晚了。

乌鸦最后叹息着自言自语：“是我自己的心理死结造成了这场误会，我将对此抱憾终生。”

人不要总是揪着心理的死结不放，不要总是因为别人一句无心的玩笑而耿耿于怀，也不要轻而易举地就责备是别人的过错，更不要不分青红皂白地对和自己有过节的人恨之入骨。

乌鸦为什么会抱憾终生？就是因为仇恨占据了心灵的驿站！只有解开心灵的死穴，你才能听到泉水的叮咚，才能闻到鲜花的芳香，才能品尝到快乐的果实。

不要仇恨任何人，更不要抱怨任何人，这样你才能在纷繁复杂的社会中找到解脱，找到人生的真谛。同时也会增加你个人的力量、智慧和魅力。

其实，一切事情都没什么大不了的，当自己冲动的时候静下心来，冥想一会儿也许会有另外一番景象。当自己和同事、亲戚、朋友产生矛盾的时候，抛开一切杂念仔细地想一下事情的来龙去脉，就会从中找到一种心灵的解放和释然。

有一位少妇，平时总为一些小事生气甚至大发雷霆，为了改掉这个毛病，她不得不请教一位禅师。禅师听了她的讲述，随后就把少妇关进一间草屋里并在门上上了一把锁。

少妇看到这种情况，十分愤怒，破口大骂。但是禅师并没有理会她，一会儿少妇开始哀求禅师将锁打开，禅师还是置之不理。

少妇终于沉默了，禅师来到门前，问道：“你还生气吗？”

少妇回答：“我只是生我自己的气，我干什么到这里来。”

禅师说：“一个连自己都不能原谅的人，怎么能够原谅别人呢？”说完禅师又走了。

又过了一个小时，禅师回来问少妇："现在你还生气吗？"

少妇回答："生气有什么用，你又不会打开锁，何必生气呢？"

禅师说："可见你的气一点儿也没有消，全部积压在心里呢。"说完禅师又拂袖而去。

又过了两个小时，禅师回来问少妇："你现在还生气吗？"

少妇叹了口气说："还生什么气？不值得。"

禅师说："到了现在还知道值不值，说明你心里的气还没有消除。"

少妇被搞糊涂了，她反问道："气到底是什么？怎样才算是不生气？"

禅师打开锁，把一杯水洒在地上，对少妇说："气便是别人吐出而你却接到口里的东西，如果吞下，就会恶心、反胃，如果你不理它，它就会像洒在地上的水一样自然消散。"

可是，就有一些人反复咀嚼着别人给他的伤害，内心不断演练曾经的生气和愤怒，以至于自己的一生都在生气与愤怒中度过，心灵也被生气所束缚，见不到温暖的阳光和新鲜的空气。

就在杰克·胡德烈申请大学奖学金的资格面试审核期间，他的妈妈胡德烈太太不断地抱怨，自从6年前和杰克的爸爸离婚后，她一直过着悲惨的生活。

杰克的校方顾问由于担心胡德烈太太的强烈愤怒可能会影响杰克以后上学的情绪以及学习进程，于是他想办法安抚胡德烈太太："我知道因为曾经的婚姻剧变，给你的生活造成很大的伤害，对此，我也感到难过，但是你要记住，时间是疗伤最好的特效药……"话还没有说完，胡德烈太太就对着顾问大声吼："我已经离婚6年了，我还是很气那个该死的家伙，他毁了我的一切，想当初为了他我耗尽了心力，可是结果呢，他让我一个人独自抚养杰克，你知道一个人有多难，这一切都是那个人造成的，我越想越气！"胡德烈太太并没有因此而平静下来，反而更加激动……

生气、愤怒是用别人的过错来惩罚自己，只有不善于管理自己情绪的人才会斤斤计较，用生气来伤害自己。

有些事情已经成为事实，无法改变，需要改变的是自己的心，这样事情带给人们的情绪便会有所不同。既成的事实往往是由别人或环境控制的，不易改变，但是我们本人的信念、价值和思维趋向却是由自己控制的。一切的选择都源于你自己，如果你能够选择为你的愤怒“松绑”，那么你的生活就会变得充满快乐；相反，如果像胡德烈太太那样选择将生活中的一切麻烦都归结于离婚，那么你就会像她一样，令生活中充斥着挥之不去的抱怨。因为你一再持续地在心里想起你的愤怒，反复在心里演练，这反而会让你的愤怒永远保持鲜明和热度。

当你不断地在心中演练愤怒时，可以试试下面的方法：

当你生气以至于愤怒时就紧握拳头，内心默默地开始数数直到60。如果你的指甲很长，最好在紧握拳头之前剪掉。当你数到50之后，每数一声后就更用力地紧握拳头。即使你的手已经握得很痛了，你还是要将拳头越握越紧，直到数到60为止。这时候你心里的愤怒正通过身体上的痛慢慢渗透而出。然后，慢慢地让紧握的拳头松开，伴随生气带来的痛也就会慢慢减轻，你要注意到心里快乐的感觉，想象你的疼痛和压力在这时完全消失。

当你松开双手，就如同为愤怒“松绑”，让愤怒远离你，也等于是给自己的心灵自由，让心灵不再被精神和情绪上的痛苦束缚，如此才能够让心灵真正敞开，再次体验并重新容纳生命的新鲜、丰富和快乐。

你可以想象生气与愤怒就在你的背包里，而你正在背着沉重的负担，如果能够打开背包，一点一点释放你的愤怒，减轻你的负重，你的背包将不再成为你未来旅途的包袱，那么你的人生之路走起来不是会很轻快吗？如此运用想象的方法，逐渐在脑海中产生对你最有意义的视觉景象，只要能为愤怒“松绑”，任何你创造出来的心理图像都可以。在这个想象的过程中，你选择为愤怒“松绑”的想象一定要能够让自己感觉舒服和放松。

别做坏情绪的主人

一位高僧为了弘法讲经常常云游各地。有一回，在即将云游之前，他吩咐弟子看护好寺院里的十几盆兰花。

弟子们深知高僧酷爱这十几盆兰花，因此每天非常殷勤地侍弄兰花。但是一天深夜，狂风大作，暴雨如注，当晚弟子们由于酣睡不醒而将兰花遗忘在暴雨之中。第二天清晨，弟子们看到眼前是倾倒的花架、破碎的花盆，棵棵兰花憔悴不堪，狼藉遍地的景象，都后悔不已。

几天后，高僧返回寺院，众弟子忐忑不安地上前迎候，准备领受高僧的责罚。得知原委后，高僧泰然自若，丝毫没有任何生气的迹象，神态依然是那样平静安详，并宽慰弟子们说："当初，我不是为了生气而种兰花的。"

就是这么一句平淡无奇的话，让在场的弟子听后肃然起敬，如醒醐灌顶，顿时大彻大悟。

在生活里，现代人的心灵时常为各种各样的物欲所役，很容易患得患失，以至于演变成做事情好像是为了生气，而忘记了本来的目的。于是，错过了做事过程中许多快乐和幸福的体验。

"我不是为了生气而种兰花的。"看似平淡的话语里，蕴含了多少生活哲学，又蕴含了多少人生智慧。不要忘记自己做事的目的，不要因为生气而迷失了原来的方向。

基克想到一个海上油田钻井队谋求一份职业。面试的主管要求他在限定的时间内登上几十米高的钻井架，把一个漂亮的礼品盒送到站在最顶层的上司手中。基克拿着礼品盒快步登上狭窄的、高高的舷梯，满头大汗、气喘吁吁地登上顶层，把盒子交给上司。上司一句话也没有说，只在礼品盒上签

| 良好的健康状况和由之而来的愉快情绪，是幸福的最好资金。|

下自己的名字，就让基克送回去。基克又很快地爬下舷梯，把盒子交给面试官，面试官也同样在盒子上签下自己的名字，让他再送给站在顶层的上司。

当他在第3个来回把盒子送到面试主管的手里时，主管看着他，傲慢地说：“把盒子打开。”基克撕开漂亮的包装纸，打开盒子，发现里面只是两个玻璃罐，一罐咖啡、一罐咖啡伴侣。基克有一种被愚弄的感觉，他愤怒地抬起头，双眼“喷”着怒火，注视着面试主管。主管又对他说：“把咖啡冲上。”

基克再也忍不住了，“叭”的一下把盒子带里面的东西都扔在地上，喊：“我不干了！”之后他看着扔在地上的盒子和玻璃罐，心里感觉痛快了许多，愤怒全释放了出来。这时，傲慢的面试主管站起身来，直视着基克说：“这是我们招聘队员的一道测试题，叫做‘承受极限训练’，因为在海上作业随时会遇到危险，所以要求每一位队员一定要有极强的承受力，可惜，前面3次你都顺利地通过了，只差最后一点点，你没有喝到自己冲的香浓咖啡。现在，你可以走了。”

在焦躁中保持冷静，在诱惑面前保持一颗平淡的心，在压力中依旧需要坦然，即使在没有鲜花和掌声的日子里，依旧要快乐地生活……这一切都需要有一份耐心、一份坚持和一份守候，别让自己成为坏情绪的主人。

活着不是为了与人比较

小佳和小英是一起从湖南农村来上海“淘金”的女孩，小佳长得非常漂亮，也很活泼，她的父亲是村长，她是家里的宝贝千金，是父母的掌上明珠，但来到上海后，她就和其他的“打工妹”没什么区别了。

小英家里非常穷，她在家时就经常帮父母干些杂活，她长得不漂亮，但是很清秀，她非常节省，只为替爸爸分担点家里的开销。要不是小佳叫她来上海打工，也许她这辈子都不会走出小山村。

她们第一天来到上海的时候，觉得周围的一切都是那么新鲜，看着城市的灯红酒绿，她俩高兴地连蹦带跳，晚上躺在30元一天的地下室里，她们高兴得难以入睡。

不久以后，她们被老乡介绍到了不同的单位，小佳做了一个商场的营业员，小佳觉得这份工作很累，但是她没有办法，为了生活还要继续做下去，她时刻都在为改变自己的生活而努力着，每次看见装着时尚的女人从她身边经过，她都在心里想，和她们比起来我也不差什么呀？为什么她们能穿着名贵的衣服走在大街上，我却不能？

当小佳第一个月领到工资后，她用全部的工资买了一条高档的裙子，然后又向家里要了300元的生活费，她很高兴，觉得自己终于可以像那些有钱人一样穿着华丽的衣服走在大街上，吸引无数人羡慕的眼光了。

小英成了一个饭店的服务员，对于自己能拥有这份工作她特别高兴，她每天拼命干活，只要客人叫一声，她很快就出现在客人面前。顾客都很喜欢她，老板也夸她腿脚勤快。

她第一个月领了工资后，只给自己留下了200元的生活费，其余的全部寄回了家里。

两年后，小佳约小英吃饭，说让小英也见识见识高级餐厅。小英跟小佳来到了一家餐厅，这是她来上海两年第一次走进高级餐厅吃饭，她特别高兴。

小佳对小英说她的男朋友是个大老板，很有钱，是她卖衣服的时候认识的，他经常开着奔驰车到她的店铺买名牌，一看就是有钱人。她现在衣食无忧了，也可以像别人一样坐高级小轿车，出入高级餐厅了，并对小英说哪天也让她见识见识高级的地方。

说着，小佳像小英在电视里看到的一样向服务生打了个手势，服务生从远处过来了，当服务生走到她们面前后，小佳“哎呀！”一声瞬间变了脸色。

后来小佳告诉小英她和男朋友分手了，因为当天她们见到的那个服务生就是她的男朋友。他不是什么大老板，只是一个老板的专人司机，为了维持自己的金钱爱情，他每逢周末就到那里去做兼职。

每个人都有自己的生活方式，不要总想拥有别人的生活。虽然每个人都有一种追求美好生活、积极向上的愿望，都希望自己的生活过得比别人好，但并不是每个人都能拥有美好的生活，人应该脚踏实地，从个人的能力和实力上去把握自己与他人之间的关系。不要苛刻地将不属于自己的东西强求到自己的怀中，也不要盲目地追求力所不能及的东西，更不要在生活中渐渐地滋长自己的虚荣心。

在现实社会中，总有那种什么时候都能看见别人身上的好处却看不到自己身上的亮点的人，他们整天追随别人的生活，却从不合理地安排自己的生活。

对于一直追随别人生活的人来说，过度的虚荣会让他们在落后中自寻苦恼，形成强大的压力；也会让他们在前行中迷失自我，从而将自己的生活弄得疲惫不堪。

现实中，每个人的社会分工是不同的，无论你是达官贵人还是贫苦农民，不一样的只是你们的工作内容和贫富地位，但这并不是决定人高低贵贱的标准。不要因为自己出生在富有的家庭而感到自大，更不能忽视周围的人，也不要因为自己暂时的贫困而感到自卑，只要摆正心态，一直沿着自己的轨道行驶，不轻易地误入别人的轨道，也不轻易地和别人比较生活，那么你就能在社会的大舞台上找到自己的位置，获得自己的快乐。

| 任何人都是自己幸福的工匠。|

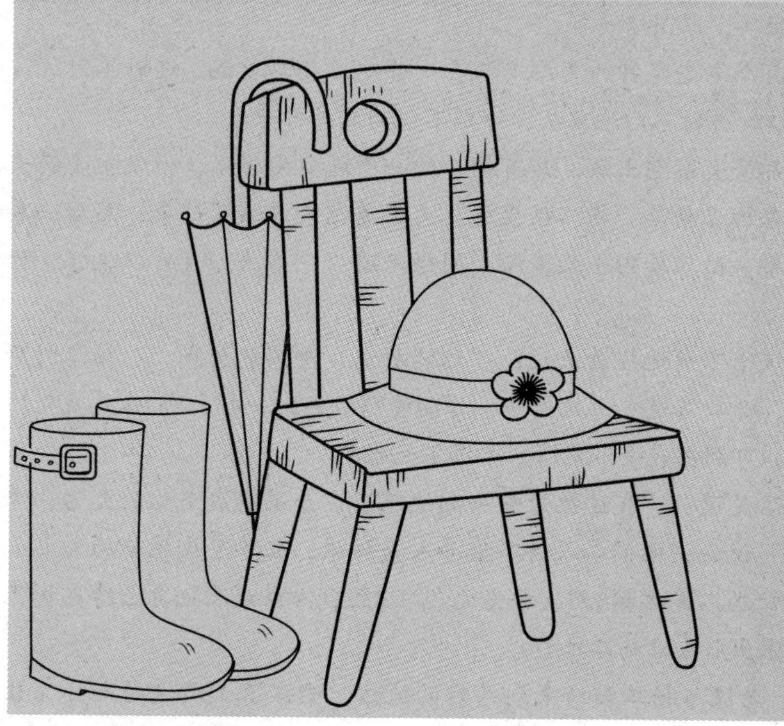

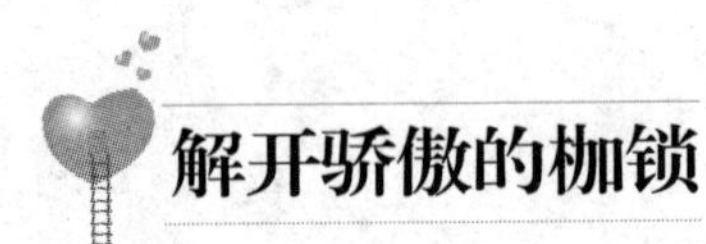

解开骄傲的枷锁

人生中总会遇到鲜花和掌声，在这种万人瞩目的时候，能够报以淡然的一笑，不仅是素质的体现，而且是内涵和修养的彰显。但有的人会在此刻显得骄傲，不知道内敛，不知道那山还比这山高的道理，那样只会让自己的庸俗更快地显露。

宋朝时候，安阳县有个叫杨二的人，他以拳术高超闻名乡里。他能用自己的双肩把装满粮食的船扛起来；几百人用竹篙刺他，只见竹篙寸寸断裂，不见他滴一滴血。他也招收徒弟授以武艺，每当他去武场传授技艺时，观众们挤得密密实实，像围墙一样。

一天，有个老态龙钟的卖蒜老汉在一旁观看杨二耍棍，还时不时地流露出讥笑的表情，并时不时地摇头，一副不以为然的样子。

一般人都没有察觉出来，只有杨二的一个随从发现了，他便把卖蒜老汉的不屑之情告诉了杨二。杨二很生气，大怒着把老汉喊了过来，然后一拳打在砖墙上，拳头陷入墙内一尺多深，问老汉道："老头，我可以这样，你能这样吗?"

卖蒜老汉很不屑地摇着头说："你能打墙，却不能打我。"杨二听后更加暴跳如雷，开口骂道："死老头，你能受得住我的一顿打吗?你是找死！如果打死了你，可别怪我手下无情，拳头不长眼啊！"

老汉笑了笑说："我这把老骨头都快死了，如果能成全你的大名，老夫死又何惜！"说完，他们二人请了很多人来作证，立下了生死契约文书。老汉主动提出让杨二先休养3天，补充元气。3天后他会让人把自己缚在树上，解开衣服，露出肚皮让杨二捶打。

3天后，老汉与杨二如约来到约好的地方。老汉真如所说的那样，让人把自己捆绑在树上，杨二则在十步开外的地方用足了全身的力气，扑上去狠击一拳。老汉寂然无声。只见杨二突然双膝跪下，磕头求饶说：“晚辈知错了，还忘前辈您大人不计小人过，原谅我这一次！”众人不知所以地看着杨二，这才发现原来他的拳头陷入老汉的肚腹，怎么拔也拔不出来。杨二苦苦哀求了好久，老人才把肚皮一松，他就跌出十几米以外去了。

老汉没有言语地背起装着大蒜的口袋走了，众人打听他的姓名，没有人知道他叫什么，来自哪里。看着老汉默默远去的背影，众人不约而同地为他鼓起掌来。

山外有山，人外有人，自以为实力强大，殊不知在别人看来也许一文不值。老子说：“夫唯有不争，方天下未有能与之争。”懂得山外有山，人外有人的道理方可安度人生困苦。骄傲和不自量力是一个人进步的绊脚石，如果在人生的路上张扬跋扈，那么必将迎来失败的苦果。

穆斯林的领袖叫先知，他常常和人们一起参加赛马、赛骆驼以及射击等项目的比赛，他想通过这样的方式来鼓励穆斯林大众积极学习作战技术，尤其是青年们。

先知有一只骆驼因为行动快捷而出名，每次比赛都能获得胜利。一些穆斯林因此认为，这只骆驼跑得快的原因是由于它属于先知，具有神力，世界上可能再也没有任何一只骆驼能比它跑得快。

一天，一个乡下人骑着他的骆驼来到先知的城市，他要求与先知赛骆驼，看谁的骆驼跑得快。先知的追随者满怀信心地赶来看比赛，在他们心里，先知必胜是毋庸置疑的事。先知骑着自己的骆驼与乡下人来到市郊，准备比赛，他们从同一个起点出发，看谁先跑到目的地，观众们激动万分地观看这场比赛。然而，比赛的结果完全与人们想象的相反，那个乡下人的骆驼把先知的骆驼远远地抛在后面，赢得了比赛的胜利。

那些深信先知的骆驼必定赢得比赛的人，对眼前发生的一切感到非常不满、非常气愤。看到他们不满的情绪，先知开导他们说：“这没有什么可生气的。是的，我的骆驼在我们这块土地上比任何一只跑得都快，所以它满不在乎，高傲自大，认为世界上它就是第一了，再也没有比它跑得更快的骆驼。可是事实上呢，强中自有强中手，骄傲者最终是会失败的。”

骄傲必将落后。人千万别把自己太当回事，否则就会迷失自我，看不清方向，沉浸在一片欢声笑语的赞美里而扬扬得意。一个人也许可以在某个特定的位置或别人欠缺的地方占有优势，但那也不是恒久不变的。如果太把自己当一回事，就会被自己烦恼，在自己的世界里徘徊不前，看不到进步。

谦逊、庄重是一种生活的态度，更是一种人生高雅情操的体现。“满招损，谦受益”，站的位置不管有多高都要仰视别人，那样才能够看得更远，学得更多。

第八课

感悟沧海变桑田的快乐

当沧海变桑田，生活逐渐随着时间而不断改变，此时与其感叹岁月的蹉跎，不如领略其中的快乐，享受人生不同的风景，领略不同的心境，人生才能更加充实，生命才因此而变得有价值。

转角的阳光一样温暖

中国有句古话说:“横看成岭侧成峰,远近高低各不同。”简言之就是看问题不能一概而论,要多个角度、多种思路地去思考,思维转个弯是人生的一种大智慧。人生如果碰到一些不顺心的事,就会觉得心情郁闷而没有出路,遇到这种情况,换个角度就会发现生活别有洞天。

两位妇人在聊天,其中一个问另一个:“你儿子娶了媳妇以后过得还好吗?”

“别提了,真是不幸啊!”这个妇人叹息着说,“我儿子实在很可怜,娶的媳妇太懒惰,家务活不干,而且连孩子都不带,整天不是睡觉就是跟朋友逛街,还让我儿子给她做早餐。”妇人越说越生气,问另外一个妇人:“听说你女儿嫁人了,她嫁得怎么样,在婆家好吗?”

“她的命可好了。”妇人满脸笑容地说:“她嫁了一个不错的丈夫,家里不让她做家务,家务都由她先生一手包办,而且每天早上她先生还给她做早餐吃。”

同样的状况,但是从自己的角度去看时,就会产生不同的心理。站在别人的立场看一看,或换个角度想一想,很多事就不一样了,就会有更大的包容,也会有更多的爱。希望就在转角,换个角度去看就是无限的生机。

古时候,有位秀才进京赶考,借住在一个店里。考试前两天他做了两个梦,第一个是梦到自己爬到墙上去种白菜;第二个是下雨天,他戴了斗笠还打伞。

这两个梦似乎有些深意,秀才不知道梦里要表达的是什么意思。于是第二天就赶紧去找算命先生解梦。算命先生一听,连拍大腿,大叫不好,并说："你还是回家吧，考了也是白考啊。你想想，高墙上种菜不是白费劲儿吗，能有收获吗？戴斗笠是为了挡雨，可是打雨伞不是多此一举吗？"

秀才一听，心灰意冷，于是回店收拾包袱准备回家。店老板看到秀才收拾包裹，感到非常奇怪，问秀才："你不是明天就要考试了吗，怎么看你的样子像是要回家呀？"

于是，秀才就把他做梦的内容和算命先生说的话跟店老板说了一遍。听完他的叙述，店老板乐了，他说："是这样啊，我也会解梦的。我倒觉得，根据你的梦相来说，你这次一定要留下来。你想想，高墙上种菜不是高种吗？戴斗笠打伞不是说明你这次考试是有备无患吗？"

秀才一听，觉得店老板的话更有道理，于是就又放下东西不回家了，打起精神继续去参加考试，结果他居然中了探花。

其实人生也是一样，当遭遇挫折时，要用积极的态度对待，挫折会把人推向绝境，有时也会改变人生，危机就是转机，它具有戏剧性，往往让人因倒霉而交上好运。转变思维，换个思路，生命就会有转机，成功的希望也就大了。

圣诞节的前夜，一位商人形色匆匆地往家里赶，路过地铁口的时候，他看见一个衣衫褴褛的年轻人站在路旁，他的面前放着一个装了几个硬币的盒子，旁边凌乱地插着一些铅笔。商人放了几个硬币在盒子里，然后就继续匆匆地往前赶。走了一段路的时候，他感觉有些不妥，于是又转身折回来，年轻人一愣，商人也不知道要说什么，而是轻轻地问了问铅笔的售价，然后自言自语了一番，接着就拿了几支铅笔，临走的时候向年轻人道歉，解释说自己忘记拿铅笔了，希望他不要介意。

几年后的一天，年轻人和当年的商人再次相遇。这次不同的是，当年那个衣衫褴褛的年轻人成了富有的商人，他握住商人的手动情地说："谢谢你，先生。这些年来我一直在找你，希望当面谢谢你。是你让我找到了生活的希望。你可能不记得我了，但是你却是我永远也忘不了的人。是你重新给了我自尊，给了我生活的希望。那段时间，我的生意失败后，我一蹶不振，甚至想过自杀。虽然表面看上去我是在卖铅笔，可人们都把我当成乞丐来施舍，因此我自己也认为我是一个乞丐。你出现的那天，我麻木地看着你丢下硬币，可是没想到后来你又跑回来了，你的言行告诉我，我不是一个乞丐，而是一名商人！谢谢你让我重新站起来！”

人生缺少的不是成功的机遇，而是成功的信心。奇迹是为有准备的人准备的，没有凭空的成功，也没有不劳而获。失败并不可怕，可怕的是缺少成功的信心。山穷水尽未必就是绝路，只要静心思考，转变思维，就能找到新的出路。只要不放弃自己的希望，就能寻找到成功的契机。

| 行善是人类之心所能领略到的最真实的幸福。|

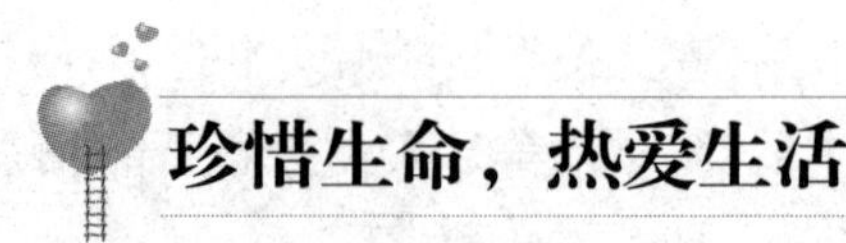

珍惜生命，热爱生活

生活中什么才是最主要的，也许我们从来没有想过，即使想过也没有一个固定不变的答案。随着时光的流逝，渐渐地我们会发现，生活中有很多东西都需要你在有限的生命里去珍惜。

一个人在一生中什么样的生活都可能遭遇，酸甜苦辣、悲欢离合，这一切都是生活中必不可少的调味品，你喜欢也好，不喜欢也罢，都需要去面对和经历。人是脆弱的，一次意外或一次灾难就可能会让我们的生命停止，所以我们要学会珍惜生命、热爱生活。

亚伦从23岁开始就为了工作远离了家人、亲戚、朋友，独自一人来到伦敦北部的一个小城市，在这座城市中他没日没夜地工作着，他不能看儿子的演讲比赛，也不能常回家看望年迈的父母，更不能帮妻子做些家务，一年当中，他只能在节假日的时候回家待上几天。

在他48岁的一天，亚伦下班在路上碰见了一个年迈的老人，他和老人是同路，所以就一起往他们住的方向走，老人和他聊得很投机，当知道他独自一人来到这个城市时，老人给他算了一道关于珍惜生命、热爱生活的数学题。

老人说："假设一个人的寿命有75年，一年有52个星期，那么75乘以52得多少？"亚伦算了一下，最后得出的数据是3900个星期。老人说他花了55年的时间才弄清楚这道数学题，而现今他已经度过了两千八百多个星期。此时，他才突然意识到，即使自己能活到75岁，也只剩下大约1000个星期了。

老人说他到此刻才发觉自己的生命如此短暂，为了在这有限的时间里为自己做点什么，他运用了倒计时的方法，为自己的生命进行了计算。他去了一家饰品店买了1000颗幸运星，他把这些幸运星放到了一个透明的瓶子里面装好。

从那天起，每逢星期六他就扔掉一颗幸运星。看着幸运星日渐减少，他比以前更关注生命中重要的事情。他说只有当你亲眼看见自己在这世界上的日子所剩无几时，才能真正分清事情的轻重缓急。

就在遇见亚伦之前，老人刚刚将最后一颗幸运星扔掉，如果他能活到下个星期六，就说明上帝多给了他一点时间。

老人语重心长地对亚伦说："你知道我为什么让你算这道数学题吗？"亚伦吃惊地望着老人，摇了摇头。老人接着说："你工作这么忙，你的收入一定很不错，但是你为了工作而放弃了对家人必要的关心，那么当你年老的时候，你会觉得这是一件非常遗憾的事情。"

这时，老人快到家了，亚伦搀扶着老人，想送他一程，但是老人委婉地拒绝了。望着老人远去的背影，亚伦思绪万千，他想到了儿子叫爸爸时天真的童声；想到了每次他离开家的时候，父母站在门口张望他的目光；想到了妻子为了家劳累的样子，这一切让他的鼻子不禁酸了一下，他的眼泪流了下来。

第二年，当他将手头上的工作做完，面对公司的挽留他婉言谢绝了，他说自己已经将生命的1/3献给了公司，献给了他热爱的工作，而他还要用同样的1/3献给家人。

当人们高兴的时候会笑，笑的同时会感到非常快乐，然而就在快乐的同时，人们根本没有仔细思考过快乐源于何处。其实快乐很简单，有时候一句顺心的话，就会让人心里美滋滋的，有时候一个淡淡的微笑，也会让人感到心情愉快，在这个过程中，你看到的正是珍惜生命、热爱生活的例证。

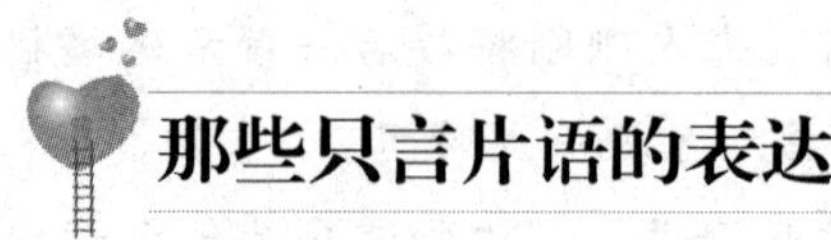

那些只言片语的表达

世上的花朵是由五颜六色的花瓣组成的，而生活就像花朵一样，是由许多只言片语汇聚而成的，它能汇聚成情感世界的一条大河，它能让人在心里久久不能忘记，有时候它的力量远远胜过长篇大论，它折射出的是生活最柔和的底色。

故事一

一个男孩和一个女孩相爱了，由于工作的原因，他们一个在最南方，一个在最北方，他们就这样开始了异地恋爱。异地恋爱让他们饱尝了相思的痛苦，男孩每天都会给女孩发一封E-mail，每周都会打一两个电话。

一天，当女孩接起电话时，电话的那头问："你那儿天气怎么样？"女孩说："正千里冰封，万里雪飘呢。"男孩说："我这里花开得正艳，可漂亮了，像你的微笑一样漂亮。"这时电话两端都沉默了，女孩问男孩为什么不说话，男孩笑了，说："我正对着话筒在吹一朵蒲公英的绒球呢，你能闻到它的香味吗？"

女孩听后眼睛湿润了，仿佛真的有一股香气吹过来，若有若无地萦绕在她身旁。

故事二

快过春节的时候，爷爷给远在国外的孙子打电话，问他是否回来过年，并说酿了很多他最喜欢喝的米酒。孙子犹豫了一下说不回去了，爷爷沉默了一会儿说，你那儿真应该比夏天还要热些。孙子问为什么，爷爷笑着说，这样你的汗水就会掉进小河，然后流进大海，流到咱们家门前的那条江河里，当我们想你的时候，就到门前的河里喝一口水，就像小时候亲你的脸一样。

挂了电话后，孙子沉默了良久，他想起小时候爷爷背着他去放牛的日子……

温暖有很多表达方式，虽然有时候这些温暖只是只言片语的问候，却在不经意间透出温情。珍惜生活中的点点滴滴，珍惜脚下的每一段路程，你才会更深刻地体会到那些只言片语中所蕴含的真正意义，那是一种支持、一种关注。从以上故事中我们可以看到，即使在寒冷的北方，一句别样的问候也会让人的心灵开出美丽的花朵：爷爷的幽默话语，蕴含着远隔千山万水的问候和思念，也牵扯着不了的情怀。虽然只是些只言片语，却能给心灵带来快乐和慰藉。

有时候不需要过多的话语，如果你时刻都关心着你所爱的人，哪怕你做的只是微不足道的小事，人们也会在那些小事情中体会到浓浓的情谊。时刻都让自己有一颗博爱的心，用博爱的心去爱你身边的每一个人，那样你会得到别人对你同样的关怀。不要为了不开心的琐事将你的眉头紧锁，也不要为了一些小事斤斤计较，有时候也许只要你的一个微笑，就能将冰川融化；只要你的一声轻声问候，就能雨过天晴；只要你的一句鼓舞人心的话，就能唤醒他人希望的火花。

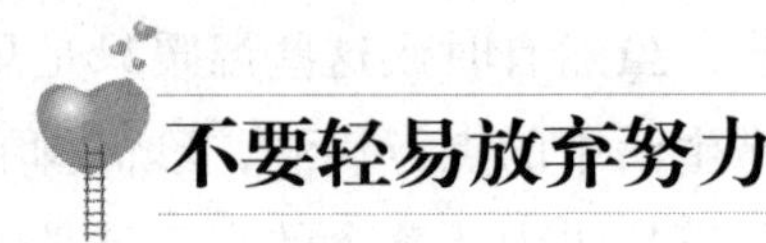

不要轻易放弃努力

在第一次世界大战期间，一个四口之家惨遭战争的迫害，妈妈和奶奶都在战争中去世了，只剩下小女孩和她的爸爸相依为命。

一天早晨，6岁的女孩和爸爸正在吃饭，一群强盗突然闯进了她的家，强盗带走了爸爸，原因是，据说他在第一次世界大战期间曾经得到过宝藏，强盗砸碎了她家里所有的东西，当她哭着、喊着、拽着爸爸的衣服时，强盗狠狠地将她推开。

她的头重重地磕在了地板上，她只觉得一阵剧痛袭来就昏迷过去。在昏迷中，她听见了爸爸对她大声说："孩子，不要害怕，要坚强，无论以后你的生活多苦多累，都不要放弃，你要等着爸爸，爸爸一定会回来的，只要活着就永远不要放弃。"

她醒来后，发现家已经被强盗洗劫一空，她望着凌乱的屋子，呆呆地坐着，她不知道自己该怎么办，她不知道什么时候能等到爸爸回来。

她开始四处流浪，靠乞讨为生，寒冷和饥饿的侵袭让她只能蹲在街头的角落里，她蹲在那里绝望地看着四处行走的人们，她多么希望在他们中间能看到自己的爸爸。她每天都在那里，但是没有一次碰见她的亲人。

乞讨的生活是艰苦而难熬的，运气好的时候她能得到一个馒头，但是运气不好的时候她什么都吃不到。她经常扒垃圾堆，从那里找东西，实在饿得不行时，她就拼命地喝水。

每次碰到那些比她年龄大的乞丐，她只能受欺负，有时候她乞讨了一天的东西会白白地被他们抢去，而她只能在一旁眼睁睁地看着他们狼吞虎咽地吃下那些东西。但是，每当绝望的时候，她总能想起爸爸临走前对她的忠告，心里有了那个强烈的信念，她就会更加坚强。

桥洞下、街角处，常常是她的住处，废报纸就是她的被子。每次当夜深人静的时候她都会更加想念爸爸，她一次又一次地在心里呼喊：“爸爸，你在哪里？你什么时候能回来呀！”

此时，她的爸爸正躺在强盗的工棚里，已经被折磨得奄奄一息，她父亲的心里同样想念她、惦记她，并一次次地在心里告诉自己：“不能放弃，要坚持，女儿还不知道怎么样，我一定要找到女儿。”

终于有一天，警察打开了这个强盗的工棚，从废弃物中找到了她的爸爸，并且迅速把他送往医院抢救。一个月之后，他的父亲刚刚恢复了一些体力，就固执地要求出院，并且对医生说：“我不能再住在这里，我要去找我的孩子！”

父亲走遍了那个城市的所有大街小巷，用了整整3年的时间，才在一堆废弃物的旁边找到了发着高烧的女儿，父亲简直不敢相信，眼前这个人就是他可爱的小女儿，当小女孩也看见爸爸时，她晕了过去。

由于长期的营养不良加上乱吃东西，小女孩的身体上有多处食物中毒引起的腐烂，加上她正在发烧，使得她昏迷了七天七夜。醒来后，她说的第一句话就是：“爸爸，我终于见到你了，我以为自己再也见不到你了呢。”

爸爸摸着她的头说：“好孩子，爸爸以后再也不会离开你了，只要我们都不放弃，我们就一定会成功的。”

不久后,女孩和爸爸来到了美国，她上了学，后来成为美国商业界少有的女性精英。在一次记者招待会上，当有记者问到是什么让她坚持到今天的时候，她毫不犹豫地回答：“是一种信念，一种永远也不放弃的坚定信念。”

从这个故事里我们看到的是一种精神的力量，这种精神可以让人们忘记肉体的痛苦，能支持人们战胜一切艰难险阻。

在生活中，无论你做什么事情都不要轻易放弃。在这个世界中，很多时候当人和周围的事情发生矛盾时，如果你战胜了它，那么你就会成为它的主人，你就会从这种环境中收获果实；如果它战胜了你，那么你就等于被它淘汰出局，你就成了它的奴隶。

人活着就是一个坚持的过程，如果谁能坚持到最后，那么谁就会成为最终的胜利者。坚持有时候表现在一种持之以恒、坚持不懈的努力上。我国文学家司马光，用一个圆木头做的枕头来警醒自己起来继续写作，还给它取名为“警枕”。发明家爱迪生工作起来常常几天几夜不睡觉，实在困乏了，就把桌上的书籍垒起来当枕头。

这些都是不放弃信念的表现。那些取得成就的人，用他们的信念告诫了世人：成功往往来源于坚持不懈的努力。

太阳是幸福的，因为它光芒四照；海也是幸福的，因为它反射着太阳欢乐的光芒。

坚定地走自己熟悉的路

1938年的冬天，一个16岁的少年来到巴黎，他满怀信心地要在这里实现自己的梦想：做一名舞蹈家，让全世界的人都为他喝彩。

然而现实并不像少年想象的那样简单。在找工作的日子里，他几乎跑遍了全巴黎，因为他没有任何特长，很难找到让他挣大钱的机会。在走投无路的情况下，他想起了自己跟父亲学的裁缝手艺，虽然很不情愿，但为了生活还是去了一家裁缝店。裁缝店老板告诉他，店里并不缺少人手。他苦苦哀求老板收下他，老板说："收下你可以，但工资只能按学徒工的一半计算，而且店里还要经常加班，活很累，你如果能答应这些条件，就留下来干吧。"

少年不想回家去，就硬着头皮答应了裁缝店老板的苛刻条件。

还不到两个月的时间，少年就觉得难以忍受裁缝店的生活，他不知这样下去什么时候可以实现自己的梦想。他带着绝望的心情，给当时人称"芭蕾音乐之父"的布德里写了一封信，把自己的苦闷告诉他，请求他无论如何要帮帮自己。

信写好后，少年犹豫了，他担心如果教授不理睬他，自己以后就不知道该怎么办了。

最后，他还是把封信寄给了布德里教授，之后的几天，他一直等待着教授的回信。

布德里教授是个平易近人的人，他很快就给少年回了信。教授在信中指出："学习舞蹈不仅需要极好的天赋，更重要的是需要金钱做后盾，如果你的经济条件不是很好，就不要硬往这条路上挤了，那样会毁了你的一生的。"

教授还对他说："如果你十分喜欢舞蹈这门艺术，可以先找一种适合自己的工作，解决生存问题，等到时机成熟再去学你热爱的舞蹈也不迟。"

虽然教授说得很有道理，但少年还是无法理解，少年对前途仍然十分迷茫。

一个夜晚，少年独自去了一家酒吧，希望能够借酒消愁，也就是在这个夜晚，少年偶尔遇到的那个人改变了他的命运。

正当少年喝得醉眼蒙眬的时候，一个很绅士的中年男子偕夫人向少年走来，盯着他一直看，少年问那个男子："我的样子很滑稽，是吗？"

少年不知道这名男子是当地的一位伯爵，男子很有风度地对少年说："孩子，你喝多了，还是回家去吧，你的父母一定很着急地等你回去。"

少年很粗暴地拒绝了男子的好意，说："我没有家，我想喝多少就喝多少，跟你有什么关系吗?"

正在此时，伯爵夫人走到少年跟前，好奇地摸着他身上的衣服，露出了赞叹的眼神，饶有兴趣地问："孩子，你这身衣服是哪里买的，很时尚。"

少年答道："这样的衣服还用去买吗?是我自己做的。"

伯爵夫人很惊讶地说："孩子，如果这衣服是你自己设计和裁剪的，我可以肯定，过不了多久，你就会成为服装界的佼佼者，不仅可以家产万贯，而且会成为让全世界都羡慕的人！"

伯爵夫人的话使少年猛然醒悟，他回味着夫人的话，觉得她说得有理。他在思考，其实最适合自己的事情还是做裁缝，那不仅是自己最熟悉的行当，也能解决自己目前最紧迫的生活问题。

就在那一刻，少年下定决心：当一名优秀的裁缝，让自己做的衣服以自己的名字命名，然后畅销全世界，让全世界的人都知道他。

10年之后，当时那个狂热的少年舞蹈迷已经成了举世闻名的服装设计巨匠。他就是皮尔·卡丹。

当你在人生的十字路口即将迷失方向时，正确的办法是，选择你最熟悉的那条路一直走下去。因为没有人比你更了解自己，没有人知道你能达到什么程度。所以选择自己熟悉的路，一直走下去就会走好。

华兹华斯曾说过："适合自己的生活才是美好而诗意的。"同样，只有适合自己的路才是充满阳光的，那样的路会是一道美丽的风景。这条路可能会崎岖坎坷，可能会凹凸不平而布满荆棘，但不要害怕，因为我们已经选择了一条适合自己的路，要坚定勇敢地走下去并欣赏路上的风景，那样一定会让自己拥有一个精彩灿烂的人生历程！

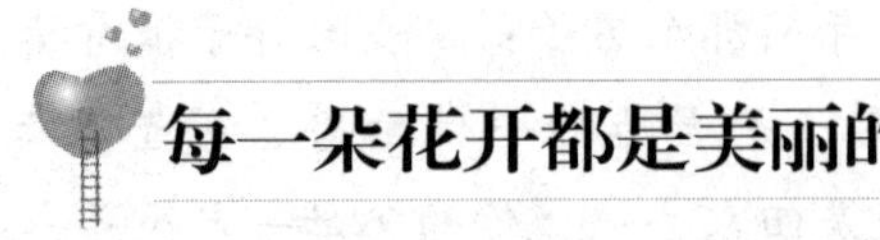

每一朵花开都是美丽的

人的生命过程就如花开一样，是美丽的、是妖娆的，也是平等的。每一朵花都有绽放的权力，每一个生命都是平等的，没有富贵贫贱之分，没有高低美丑之别。

庄子说：“以道观之，物无贵贱。”简言之就是万物没有贵贱之分。这是一种“一往平等”的观点。人生一世，可能境遇不同，可能生活不同，可能待遇不同……但有一点是相同的，生命是平等的。没有超越平凡的生命，哪怕他拥有至高无上的权利。

某城市分为东区和西区，东区住的都是平民百姓，而西区住的都是非富即贵的人物。一个很有钱也很有威望的富人住在东区，他常常为了住在这样的环境中而苦恼。

东区的人生活随意，经常是肆意狂欢到很晚，生活没有规律，并且出口粗俗不雅。而这个富人的举止文雅，行为中正，品质高洁而不能容忍自己有微小的不检点行为。

富人经常因为这些事情而头痛不已，于是他向一位智者求助，不知道自己是要搬迁到别的地方还是做其他打算。智者耐心地听完了他的叙述，静静地看了他一会儿，然后什么话也没有说，而是带着他去了一个山谷。

刚到那个山谷的时候，富人就被眼前的景色迷住了。山谷空气清新，四周树木成荫，花开得摇曳生姿，还有清清的泉水自山上流下，形成一个小小的瀑布。更有成千上万只乌鸦在这里盘旋、静立、栖息，使整个山谷看起来很和谐。富人一直在那欣赏着美丽的景色，直到黄昏的时候，来了一只苍鹰打破了宁静的山谷。

苍鹰仗着自己身强体壮，而且飞翔能力强，就气焰嚣张起来。它一会儿挤占乌鸦的地盘，一会儿啄咬乌鸦。原本和谐而热闹的乌鸦群，顿时变得混乱而惊慌起来。乌鸦被苍鹰吓得四处逃窜，惊慌失措。一阵骚扰之后，苍鹰似乎不屑与乌鸦们为伍，然后趾高气扬地飞走了。

看到富人对眼前这一切的惊讶，智者缓缓地开口了："苍鹰以为自己和乌鸦相处是受了委屈，乌鸦不配与它一起生活，但是它不知道乌鸦并不乐意与它在一起。对生命本身而言，其实没有高低和贵贱之分，只是生活方式存在差别，生活的态度不同而已。所以，你不应该嫌弃东区的生活环境，而应该持有感激之心，因为他们可以容纳你这个不同类的人。你认为自己居住在东区对你而言是一种耻辱，而对东区的人们来说，你的生活方式其实是一种'骚扰'，就像苍鹰对乌鸦群的行为一样。"

富人听完智者的话很惭愧。他一直以为自己卓尔不群，没想到实际上只是需要别人接纳才能生存的可怜虫。自己因为嫌恶而想要离开的人们，却是自己最珍贵的财富。

有时候，人们往往自以为骄傲的资本却是庸俗不堪的。对任何人而言，生命都是对等的，没有可以超越生命的东西。

生命的过程就如开花的过程，尽管每一朵花开都历经了千辛万苦，但是它们都有开花的权利，这个是平等的。生命不会因为人的职位高而高人一等，也不会因为官位高而叫人让三分，更不会潦倒落魄而备受歧视……不管处在什么样的位置，生命都应该受到公正的待遇。

第九课

真爱藏于平淡无奇中

在生活中，总有很多触手可及的温暖被我们轻易地忽略，那些沉淀的爱与关怀始终陪伴着我们走过人生的风雨路，适时地停下脚步，感悟藏于平淡之中的真情，人生才不会留下遗憾。

爱是轮回的报答

慈悲之心人皆有之，有的人是自然的流露，有的人是经过岁月的磨砺不轻易地表露，但不管怎么说，人人都有慈悲之心。怀有慈悲的心是不需要感天动地的，而是人的一种本性，是不需要回报和报酬的。不经意的一个小小的善举，可能会为以后的人生带来无限的生机。

在英国的苏格兰，有一位叫弗莱明的贫苦农夫，他心地善良，乐于助人。一次，他在田里耕作，忽然听到附近的泥沼地带里有哭泣声，他当即放下手中的农具，迅速地跑到泥沼地边，发现有一个男孩掉进了粪池里，他迅速将这个男孩救起来，使其脱离了生命危险。

两天以后，一辆华丽的马车来到了弗莱明住的农舍前，车上走下的绅士彬彬有礼地自我介绍说他就是被救男孩的父亲，特此前来道谢并表示要以优厚的财礼予以报答。农夫却坚持不收，他一再申明："我不能因救了你的小孩而接受你的报酬，我只想救活他的命。"正在他们互相推让之际，一个少年从外面走进屋来，绅士瞥了一眼便问道："这是你的儿子吗？"农夫点头说："是。"绅士接着说："这样吧，既然你救了我的孩子，那就让我为你的儿子做点事情吧。请允许我把你的儿子带走，我要让他接受良好的教育。如果这个孩子也像你一样善良，那么他将来一定会成为一个令你感到骄傲的人。"绅士的诚心诚意让农夫盛情难却，只好答应了他的提议。

绅士讲信誉、重承诺，他把农夫的孩子送到学校里读书，直至毕业。这个农夫的孩子就是后来英国著名的细菌学家亚历山大·弗莱明教授。他于1928年首次发明了举世闻名的青霉素，后来又经过英国病理学家弗洛里和德国生物学家钱恩的进一步研究完善，于1941年开始用于临床，并于1943年逐渐推广。被救起的那个孩子也是赫赫有名的人物，他就是后来英国著名的政治家、第二次世界大战时期的首相丘吉尔。

没有人会想到，一个农夫救起一个素不相识的孩子对后世的影响会如此重大，丘吉尔首相在第二次世界大战中的卓著功勋数不胜数，弗莱明教授发明的青霉素也不知拯救了多少生命，为全人类造福不浅。一个简单的善举，成就了那么多的意想不到。怀有一颗仁慈的心，哪怕是坚硬的石头都能为其所动。怀有仁慈的心更多的时候是人眼前的一轮明月，为黑暗中迷途的人指明了前进的方向。

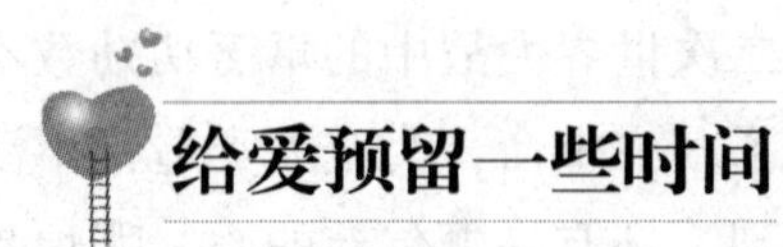

给爱预留一些时间

每天我们都好像有做不完的工作，没完没了的应酬，还有许多的新知识等着我们去学习，另外还有一系列的自我发展计划要实施。于是我们经常加班，没有时间回家陪孩子和亲人吃饭；过年过节需要应酬，不能回家陪父母聊聊天；为了让老婆、孩子过得好点儿，丈夫一年出差的时间比在家的时间多很多……现在这个社会，一个个成功者的光芒把这个世界渲染得五彩缤纷，物质和金钱的诱惑时时闪烁在每个人的面前，除了为物质生活疲于奔命之外，究竟给亲情留下了多大的空间？随着年龄的增长，生命在一寸一寸远离这个世界，回首过去，究竟已逝的每一天里又有几分几秒是留给了我们的亲人？

一位父亲加班，回家很晚了，有些累并有点烦躁，这时他却发现5岁的女儿靠在客厅的沙发上正在等他。

爸爸劈头盖脸地教训道：“这么晚了还不睡觉，明天不上幼儿园了？一点都不听话！”

女儿委屈地怯怯说：“爸爸，我可以问你一个问题吗?”

“什么问题?赶紧问，问完了睡觉去。”父亲不耐烦地回答。

“爸爸，你工作1小时可以挣多少钱?”女儿鼓起勇气接着问。

“这和你无关，这是爸爸的事，你为什么问这个问题?”爸爸生气地说。

“我只是想知道，告诉我吧，爸爸，你1小时挣多少钱?”女孩哀求着。

“1小时挣30块钱。”爸爸想早点打发了女儿，好上床睡觉。

“喔！”女儿低着头回答。接着又提出了一个要求：“爸爸，可以借我10块钱吗?”

父亲发怒了：“你就知道花钱，你已经有了那么多的玩具，还想买什

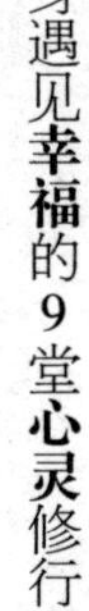

么？你除了花钱，还知道什么？我每天辛苦工作，没时间理你！”

女孩终于哭了，抽泣着回到自己的房间并关上门。

这位父亲一边洗着澡，一边还在为了女儿的问题生气。洗完澡后，他平静下来，想想刚才那样对可爱的女儿可能太凶了，内心深处对于不能陪女儿玩有些愧疚，于是总想着多挣点钱，买些玩具弥补。想到这儿，他认为应该给女儿10块钱，买她想要的玩具，毕竟女儿还没有向他要过钱。

父亲走到女孩的房间。

“宝贝，你睡了吗？”他轻轻地问道。

“爸爸，我还没睡，”女孩哽咽地回答着。

“宝贝，爸爸刚才可能对你太凶了，爸爸工作太累了，有些烦，不过不应该对着我的女儿发脾气，生爸爸的气了吧？喏！这是你刚才要的10块钱，去买你喜欢的玩具吧！”

女孩坐了起来，看着钱，笑着说：“太好了，爸爸。”

接着女孩从枕头底下拿出一些被弄皱了的钞票。女孩慢慢地数着钱，然后看着爸爸说：“爸爸，我现在有30块钱了，我可以向你买1个小时的时间吗?明天下班后一定早一点回家，陪我吃晚饭，好吗？给你钱。”望着女儿递过来的钱，父亲含着泪，无言以对。他不知道该怎样答复女儿的要求。

亲情是一种深度，一种没有条件、不求任何索取和回报的追求，它温暖着每个人的心灵。可在今天这样一个物欲横流的世界里，我们享受亲情的时间却越来越少。没有了亲情的温暖，我们的心灵变得阴冷和暗淡，因为最原始情感的存在空间已经被金钱、物欲挤压得没有空隙。其实，每当对爱我们的亲人多1分钟的麻木与冷漠时，就可能会出现一道难以逾越的鸿沟，在心与心之间筑起无法丈量的隔阂，从而使阳光无法照耀到我们存在于心灵中的那一寸阴暗的角落。

如果一味地挪用留给亲情的时间去透支未知的将来，去满足那永远也满足不了的物欲，那么，当我们的心灵有片刻宁静的时候，感觉到的或许只剩下了金属的冰凉和墨印的腐臭。作为父母，应多给孩子一些关爱，因为我们曾经也有过童年，不要把工作中的烦恼和不快带给孩子，用最无私的爱和最温暖的拥抱让孩子健康成长；作为子女，请多回家看看老人，他们需要的仅仅是和我们聊聊天，总有一天我们也会成为父母，也会像父母那样渴望得到子女的体贴和照顾；作为丈夫或者妻子，请多给另一半一些包容和体贴，因为他/她曾陪伴我们走过风雨，与我们同甘共苦，给予我们最深情的爱抚和慰藉。

当我们失败、孤独时，需要亲人的怀抱来慰藉受伤的心灵；当我们成功、欢乐时，需要看到另一张笑脸与自己分享；而当我们年迈，步履蹒跚时，需要的则是挽着伴侣的手共同享受夕阳下的余晖。

将物欲的追求暂时放一放，把生命中每一天里的时间留一些给自己的亲人，让亲情温暖我们疲惫的心灵，更多地享受亲情带给我们的幸福和快乐！

| 拥有未来幸福的最好办法，就是尽可能地享受今天的幸福。|

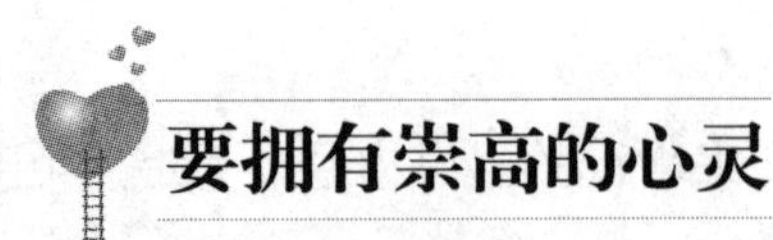

要拥有崇高的心灵

2007年2月16日，前联合国秘书长安南在德克萨斯州的一个庄园里举办了一场慈善晚会。应邀参加晚会的人大部分都是一些富商和社会名流。有一个小女孩叫露西，她很想去参加这次慈善晚会。于是她捧着自己的全部储蓄来到庄园。当她要求进去时，被门口的保安拦住了。小露西说：“叔叔，慈善的不是钱，是心，对吗？”保安一下子被小女孩的话问得瞠目结舌。这句话深深地打动了正要进去的沃伦·巴菲特先生。于是，他带着小露西进入了庄园。在这次慈善晚会上，巴菲特捐出了300万美元——全场最高的数字，小露西仅仅捐了30美元零25美分——她的全部家当，然而，当天慈善晚会的主角不是巴菲特，也不是倡议者安南，而是小露西。晚会的主题标语也因此变成了这样一句话：“慈善的不是钱，是心。”

在小露西幼小而纯洁的心灵里，爱心是不分钱多钱少的。可能30美元零25美分相对于300万美元来说，根本不值得一提，然而，这却是小露西的所有，她奉献出的是自己的全部，毫无保留！

如果抱着扭曲、庸俗的慈善观，即使捐出了再多的金钱，里面也会冒出虚伪、冷漠、工于心计的“冷气”，它将一些功利性因素，如社会荣誉、功利回报等夹杂到捐赠追求中，这种用金钱赢得慈善之名的“爱心”所能表现的人道主义情怀也会大打折扣。这是一种“心理贫困”和“品质贫困”。

因此，真正的慈善是“心”的捐赠，目的是在捐赠过程中完成自我道德责任的追求，而并非以“得到回报”作为捐助的附加条件。因此，只要你真心捐出了你的一颗爱心，就不必为自己的能力有限而耿耿于怀，更不必在别人的强势下低下你高贵的头，你完全可以自信而快乐地面对自我。

有一个小男孩，在学校要捐款的时候，妈妈仅给了他5元钱。小男孩觉得自己只捐5元钱很丢脸，因为他就读的学校是贵族学校，他的同学捐的不是几十元，就是几百元。当妈妈看出了他的心思时，捧起他深埋的头，对他说了一番语重心长的话："不要低头，要知道，你同学的家庭背景非富即贵。我们必须量力而为，我们所捐的5块钱，其实比他们的500块钱还要多。你是一个学生，只要好好学习，就是对社会最大的贡献了。"

妈妈的一番金玉良言，让小男孩接受了一次最好的关于金钱和爱心的教育，让他懂得了"爱心捐助"的真正含义，以及别人所不能"捐"到的、自己独一无二的价值。当老师在宣布全班筹款成绩的时候，小男孩一直抬起头听着。

自此以后，小男孩在富豪面前一直是抬起头来做人的，因此他快乐无比。

是的，拥有崇高的心灵，我们没必要低下高贵的头；拥有崇高的心灵，我们没必要佝偻着脊背做人。崇高的心灵，是任何优越的物质条件所不能比拟的。

只要心怀高尚，就可以理直气壮、快乐地抬起头来做人，不必自责、不必自卑，因为你的心灵拥有至高无上的高度。

善良、慈善、爱心，是建筑在高贵心灵上的宝石。无论你富可敌国，还是一贫如洗，无论你权倾天下，还是默默无闻，也无论你满腹经纶，还是目不识丁，只要你拥有它们，你就是精神的贵族。做一个精神的贵族、物质的乞丐，远远要比一个物质的贵族、精神的乞丐高尚、富有、快乐、幸福得多！你的人生也会因此更有意义。

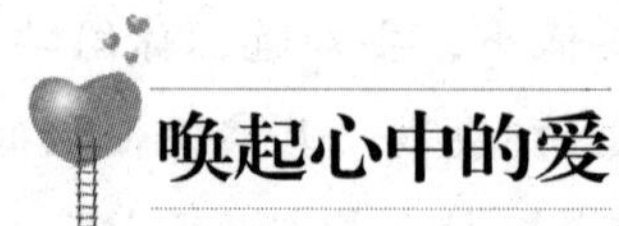

唤起心中的爱

人的一生其实就是一个追寻爱和学习爱的过程。一个拥有仁爱的人，在他的整个生命中所有的行为都是对爱的一种诠释和体现，只有以一颗真挚的爱心对待生活中出现的每一次苦难和逆境，才是最大限度地弘扬生命的伟力。爱的奇妙之处就在于它是超自我、超物质、超意识的一种内在的感觉，是一个人灵魂中最美丽的牺牲。自我、自私、炫耀、自虐、逃避等都是爱的杀手。情既然已经用出去了，就不必再考虑如何收回，爱并不是投资就能收回利润的。爱是一种存折，只要你不去挥霍，珍惜每一次的支出，每支一分，就有十分存入，你就会一天比一天更富有。

里希纳的家在靠近大海的一个村子里，村子里祖祖辈辈都是以打鱼为生，他从小跟随父亲出海，小小年纪就成为父亲的得力助手。可是最近他越来越不务正业，迷上了打猎，到了无可救药的地步。为了这件事，他也没少挨父亲的打骂。

离村子不远处有一座小山，地势险要而且人烟稀少，听很多人说山上常常会有野猪出没。如果能打到一只野猪那该多好啊！山上的野猪常常让里希纳魂牵梦萦，于是胆大的他决心要去碰碰运气。

有一天天还没亮，里希纳就趁父亲还没起床悄悄地带上猎枪、绳索等工具上山去了。他仔细寻找着，却连一只野猪的影子都没有看到，太阳已经升起来了，父亲还等着他出海，他无奈之下只好带着沮丧和疲惫回家了。但是刚走到半山腰的时候，他就隐约听到不远处传来微弱的叫声，像是野猪的声音，他兴奋起来，顺着声音找过去。

果然看到有一只小野猪陷进了泥沼里，看样子已经筋疲力尽了，只留一个小脑袋露在外面，根本逃脱不出去，眼神里充满了绝望。真是一个冒失鬼，竟然掉到了泥沼里，这真是一个意外的收获，里希纳喜滋滋地迅速举起猎枪对准了那只小野猪。

野猪自然不明白那支乌黑的猎枪对着它意味着什么，它用尽最后一丝力气试图挣扎着，眼睛一直盯着前面的这个陌生人，发出兴奋的呼叫，显然是把里希纳当成了救星。它在向我求救？里希纳准备开枪的手突然犹豫了。

真是一个可怜的小家伙，里希纳惋惜着放下手上的猎枪，想办法营救这只小野猪。要救野猪，首先得先保证自己的安全，如果一不小心掉进泥沼里是非常危险的。唯一的办法就是用绳子套住野猪的脖子然后再拉上来。他扔下绳子，好不容易套住了小野猪的脖子，小心翼翼地将它往上拉。如果绳子太紧，可能野猪还没有被救上来就已经被勒死了。经过几番努力，终于把小野猪救了上来，不知不觉已经过去两个小时了。里希纳浑身沾满了泥土，坐在地上喘着气，开始想自己该如何应付父亲的责备。

忽然间，从远处传来一阵轰隆的巨响，天崩地裂一般。回头望去的时候，只见十几米高的巨浪冲到了海岸上，铺天盖地袭击而来，山下的村庄瞬间就被巨浪吞噬了。看着眼前发生的一切，里希纳全身颤抖着，害怕极了。

在举世震惊的印度洋海啸中，里希纳是整个村子里唯一的幸存者。

里希纳本来是带着猎枪去打野猪的，却因为救野猪耽搁了下山的时间，躲过了灭顶之灾。很多时候，幸运就来源于爱心的馈赠。

爱在很多时候不是因为被爱而爱，而是因为爱至情至性，为了爱而爱。当一个人真正懂得如何去关爱别人且懂得感激生命中遭遇的一切时，那么他时刻都会生活在感动和祝福中。

在波斯尼亚的一个小村庄里，住着一个叫做弗西姆的妇人，她有两个活泼可爱的儿子和一个温顺善良的丈夫，弗西姆的丈夫在奥地利工作。有一天，她的丈夫从奥地利带回两条金鱼，养在自己家的鱼缸里。

没过多久，波斯尼亚战争就爆发了，弗西姆的丈夫为了国家的安危献出了自己的生命，而那场战争也毁灭了他们的家园，弗西姆只能带着孩子们到别的地方逃难。临走之前，弗西姆并没有忘记她的两条金鱼，因为她觉得那也是两条生命，而且那是丈夫给自己和孩子最后留下的纪念。于是她把金鱼轻轻地放入一个小水坑里，然后就离开了。

几年后，战争结束了，弗西姆和孩子们回到了自己的家乡，但家乡还是一片废墟。弗西姆不知道怎样才能使自己的家重新美好起来。

一次偶然的机会，弗西姆发现了在她曾经放入了金鱼的小水坑里还飘动着点点金光，原来是一群可爱的小金鱼，它们一定是那两条金鱼的后代。弗西姆顿时看到了希望，她像得到了丈夫九泉之下的鼓励一样，和孩子们精心饲养起那些金鱼来。她相信，生活会越来越好。

弗西姆和金鱼的故事也慢慢地传开，很多人从四面八方赶来，只为了观赏这些金鱼。当然，走的时候也不会忘记买两条金鱼带回家去。或许，那些金鱼就象征着希望。没过多久，弗西姆和孩子们就凭着卖金鱼的收入过上了幸福的生活。

也许谁都无法预言金鱼的繁衍，那必然是不经意间发生的。但是，爱心却不是不经意间诞生的，爱心不论到了哪里都会开花，终会在某一天结出果实。

生活中，每个人心里对待事物都有着一份热忱和激情，人类灵魂的本质是用爱铸造而成的，世界从来也不缺少爱。不管是对待自己还是对待身边的人，只要是心底那根曾经敏感的弦被来自外界的爱心深深地触动过，都可以唤起心底无限的爱。

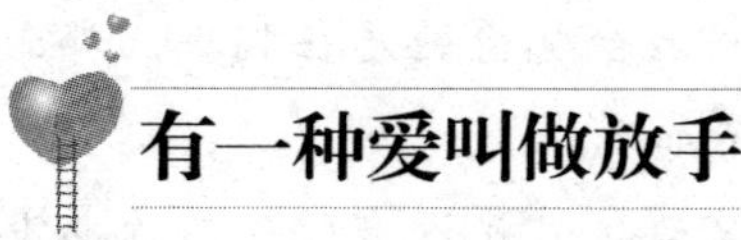

有一种爱叫做放手

世间因为有遗憾才会彰显生命的魅力，爱情因为有遗憾才能更彰显爱的情意。失望，在某些时候也是一种幸福。因为有爱，才会有所期待，也因为有期待，纵使是失望也是幸福的。既然爱会让人失望，放手也未必不是一种幸福，因为有一种爱叫做放手。

放弃是一种幸福，只有放弃才会懂得幸福的内涵；放弃是痛苦的，可是不放弃会更加痛苦。

一个失恋的年轻人去请求苏格拉底帮助他度过失恋的痛苦。他跟苏格拉底哭诉："哲人，我很难受，我也很痛苦，因为我失恋了。"

苏格拉底说："哦，失恋痛苦是正常的事情。如果失恋了不悲伤，那么恋爱大概就没有意思了。可是，年轻人，我发现你对失恋的投入甚至超过你对恋爱的投入。"

年轻人痛苦地说："失恋就如同到手的葡萄，有一天突然丢了，这份遗憾和失落，您是不知道这其中的酸楚啊。"

苏格拉底说："既然已经丢了，那么为什么看不见前面更多的葡萄呢?

年轻人伤心地说："我会等着她回心转意，不管多久，我都会等待。"

苏格拉底说："这一天可能不会到来。她会有她自己的幸福。"

年轻人无奈地说："为了表示我对她的爱，我可以去死。"

苏格拉底看了看年轻人，轻轻地说："如果你死了，你不但会失去你的爱人，也会失去自己，那样的话你就会有双倍的损失。"

年轻人伤心地说："我真的很爱她，可是我该怎么办呢？"

苏格拉底笑笑说："你真的很爱她吗，那么你希望她幸福吗？"

年轻人抬头看着苏格拉底说："我肯定是爱她的，我也希望她永远幸福，我跟她在一起的时候是最快乐的。”

苏格拉底再次笑着说：“那是曾经的事情，她会认为你离开对她而言是一种幸福，你怎么想呢？”

年轻人失望地说：“我会觉得她是在骗我，那么我的感情投入岂不是白白地浪费了吗？我会生不如死。”

苏格拉底再次笑了笑说：“她没有骗你，你也没有浪费感情。因为在你付出感情的同时，她也对你付出了感情，她给了你快乐的同时你也给了她同样的快乐。”

年轻人疑惑地问：“您的意思是这一切都是我的错吗？

苏格拉底说：“是的，你从一开始就犯了错。如果你能给她的生活带来幸福，她是不会逃避你给的幸福的。”

年轻人有点懊恼地说：“可她连机会都不给我，这让我感到很自卑。”

苏格拉底说：“你不应该这样想，年轻人的身上应该有自豪，被抛弃并不是不好，或许也是一种幸福。”

年轻人疑惑地说：“我不明白您的意思。”

苏格拉底淡淡地说：“我给跟你讲个故事。有一天，我在商店里看中一套高贵的西服，我很喜欢。营业员问我要不要，我没有说要，却说这件西服质地太差，不能要！事实上是因为我口袋里没有钱。年轻人，你有没有想过你可能就是这件被遗弃的西服。”

年轻人懊恼地说：“您真会安慰人，可我还是没有从失恋的痛苦中转过神来。”

苏格拉底说：“是的，我没有这个能力。但是我可以向你推荐一位有能力的朋友。”

年轻人惊讶地问：“还有谁比您更有能力吗？”

苏格拉底点点头说：“是时间，时间是人类最伟大的导师，只有时间可以帮助你抚平心灵的创伤，并重新选择幸福，最后就会享受到本该属于自己的那份快乐。”

放手是对对方最大的祝福，放弃固然痛苦，但放弃能够让对方获得幸福未尝不是件好事。既然爱对方，就应该懂得放手。不管是缘起缘灭，还是缘浓缘淡，都不是世人能够控制的。人们能做到的是在因缘际会的时候，好好地珍惜那短暂的时光。既然无法相守，那么就给对方自由，有一种爱叫做放手。因为懂得爱才会懂得放弃。

不要搅浑婚姻生活的清水

张爱玲说："因为爱过，所以慈悲；因为懂得，所以宽容。"相恋的结果还是结婚。当两个相爱的人走到一起朝夕相伴时，不管曾经多么亲密，都难免会产生矛盾，当面临对方的缺点和过失的时候，会出言伤害，甚至会恶语相加。生活中更多的是贫乏，对往日的爱恋失去了激情，取而代之的是柴米油盐的家庭生活，这时对方的缺点就会暴露无遗，如果不能宽容，那么婚姻就很可能出现裂痕。

北方的城市有一个镇子，近日镇上的离婚事件急剧增加，于是，民政所请来了一位研究婚姻的老教授来给镇上的村民讲课。

满头白发的老教授走进教室，把他带来的一叠纸和两个玻璃杯放在讲桌上。走上讲台的他没有开始讲课，而是拿起粉笔在黑板上写了一行大字："世界上没有失败的婚姻"。

讲台下听讲的人看到教授写的字立即议论起来，大家对老教授的话不以为然。过了一会儿，老教授看到教室里的人们停止了议论，场面也平静了下来，于是，他提了一个问题："你们觉得自己的婚姻是和谐的吗？如果是，请举手。"教室里的众人你看看我，我看看你，没有一个人举手。

老教授看到众人的态度微笑着说："如果你们认为各自的婚姻都不和谐，那么我这里有一份问卷，我把我所知道的婚姻不和谐的原因都列在了上面，请大家认真选择，如果问卷上没有你婚姻不和谐的原因你可以另外写下来。但是，如果吸毒、赌博、暴力等涉及法律的问题，不在婚姻学家研究范畴之内，你可以跟有关的国家法律部门取得联系。"讲台下一阵窃笑。

教授把问卷一一发到听讲者手里，大家拿起问卷一看，上面写着一百多个答案：对方固执、任性、抽烟、喝酒、跳舞、吝啬、唠叨、狂热工作、迷恋上网……众人都在埋头回答教授的问题，不一会儿都回答完毕了。

老教授收回问卷，然后逐一向大家展示。大家发现，尽管教授给的答案有一百多个，但是每份答卷都只选择了一个或者两个答案。

“现在我还想知道你们目前的家庭状况。”说着，老教授又向每人发了一份问卷，上面密密麻麻地写着一百多个问题：收入是否够维持生活?对方是否为你买过礼物?是否有孩子?孩子是否健康活泼?生病了是否及时治疗?生病后是否得到过对方的照顾……

过了一会儿老教授再次收回众人的问卷，然后又逐一向大家展示，大家像商量过一样，每份答卷上几乎全是肯定的回答。老教授把两份问卷放到桌子上，缓缓地说：“从你们的答卷可以看出，你们的婚姻并没有什么不当之处，你们感到婚姻不如意，是因为自己人为地放大了婚姻中一些细微的瑕疵，而忽视了幸福的内涵。”

说完，老教授用杯子接来一杯清水，接着取出随身携带的钢笔，然后挤出一滴墨汁滴入装满水的杯中，那滴墨汁在水中缓缓下降，慢慢地沉入杯底，众人发现杯子里的水依旧是清澈的。众人不解地看着教授，不知道教授为什么要这样做。

看着众人疑惑的表情，教授没有说话，而是用手指搅动清水，只见杯底的墨汁顿时向上翻腾，杯子里面的水随即变得混浊起来。这次，杯子里的水恢复清澈的时间比刚滴入墨汁时多出了3倍。老教授又慢慢地把清水倒入另外一个杯子里，接着又把原来杯子底部的墨汁倒掉，这样另外一个杯子里的水已经清澈如初了。

看着台下若有所思的男女们，老教授语重心长地说：“一杯清澈的水中滴入墨汁，搅动就会变得混浊，这就好像你们的婚姻一样，放大了对方的缺点就觉得生活很不如意，这也是你们感觉婚姻不幸福的原因。”

这时，老教授拿起粉笔，接着黑板上那句“世界上没有失败的婚姻”后面写下了另外一行大字：“前提是别搅浑那杯清水”。

看着台下鸦雀无声的听众，教授接着说：“想一想，究竟是谁搅浑了你们婚姻的清水?如果你们能够懂得沉淀婚姻里的杂质，怎么会生活得不幸福呢？”

一位哲人曾经说过：“每个人身上都有污点，但这并不妨碍我们追求完美的热情和勇气，并不妨碍我们如牡丹一样高贵地绽放。”同样，滴入婚姻清水中的那滴墨汁，也可能是长年累月形成的，只要不去搅动，或者说把杂质倒掉，就能感觉到幸福的甜蜜了。

相爱容易相守难，懂得沉淀婚姻杂质的人必定是懂得幸福的人。爱情总有保鲜期，能够在柴米油盐的生活里享受婚姻的甜蜜不容易，只有经常沉淀婚姻生活中的杂质，把那些看似微小的缺点忽略不计，这样的幸福才是真正的幸福。

一根蜡烛可以点亮成千上万根蜡烛，但是它自身的寿命不会因此而缩短。分享幸福也不会使幸福减少。

相濡以沫才是真爱

古代有个青年江某，经媒人牵线结识了一位善良贤德的女子，两人一见如故，于是双方父母定下了这门亲事。然而，江某却得了一种非常难治的传染病，他请求父母解除这门婚事，以免连累未婚妻。可是，未婚妻却执意要嫁到江家。

江某一直在感激妻子的同时也心存愧疚，他生怕会传染妻子，于是总是躲着她，可是妻子却毫不在意，她一心一意地照顾他，全然不顾自己的健康。两年很快过去了，江某的病仍然不见起效，而妻子仍然执著地为他寻求各种治病良药，同时还不忘尽妻子的职责。江某内心经过一次次痛苦的挣扎，最后悄悄地跑出去买了砒霜服下。这一幕正巧被妻子撞见，于是妻子抢下另一半砒霜服下，欲与丈夫同归于尽。可谁知，江某服下砒霜后，大概是砒霜起到了“以毒攻毒”的作用，他的病居然好了，而妻子经过抢救，大吐一场后也安然无事。可以说，两个人是“因祸得福”，经过这次磨难后，两个人从此恩恩爱爱地生活。

有人说夫妻本是同林鸟，大难临头各自飞。生活中确实有很多类似的例子发生，在一方处于水深火热中时，另一方为了免受牵连而自私地离开。其实，这种情况出现的原因有很多，但最主要的原因是对方没有找到说服自己留下来和你共渡难关的理由。沟通应该是双向的，关爱也是双向的，夫妻在相处的过程中，应该多替对方考虑，让对方感受到你的关爱，这样他才能心甘情愿地为你付出。

他天生不会说话，虽然能听见周围人的声音，但是却没法用语言表达内心的感受。她和他青梅竹马，他们从小一起长大，她与奶奶相依为命，于是他理所当然地肩负起保护她、照顾她的义务。彼此之间都非常有默契，往往一个眼神、一个手势就能传情达意。

渐渐地，他们长大了，她考上一所不错的大学，于是他开始拼命挣钱，然后寄给她。她没有拒绝，因为她觉得自己没有必要拒绝，他对她好，是不需要任何回报的，而她也明白，自己能够给他最好的回报。终于，她毕业了，当接到一份不错的工作的录用通知后，她做的第一件事就是找到他，然后表情坚定地告诉他："我要做你的妻子！"

他心中不禁一颤，但立刻摇头拒绝。虽然被拒绝是情理之中的，但她还是抑制不住自己的情绪，她告诉他："我从没想过要报答你，因为你一直是我生命里最重要的人，你保护我、关心我，我都理所当然地接受，甚至你赚钱供我上学，我也心甘情愿地接受，因为从很久以前，在我心里你就是我的丈夫！我心安理得地接受丈夫精神和物质上的照顾，而现在我终于熬出头，该轮到我好好关心你了！"他泪流满面，然后头也不回地跑掉了，再也不肯见她一面。

突然有一天，他接到消息，她住院了。他在第一时间赶到病房，医生对他说，她的喉咙里有一个瘤，已经切除了，但是她的声带却受到了严重的损害，从此再也不能讲话了。她躺在床上默默地看着他，泪流满面。于是，他们走进了幸福的礼堂。几十年过去了，这对聋哑夫妻一直幸福地生活着，他们已经儿孙满堂，尽管从没对彼此说过"我爱你"，甚至连交流都要靠眼神、靠手势、靠纸笔，但他们仍然是人们眼中最幸福恩爱的眷侣。

最后，一场大病，他悄无声息地走了。她默默地盯着他的遗像，许久，开口说出一句话："他已经走了，持续了几十年的谎言也该揭穿了！"子女和亲朋好友先是震惊，继而感动不已，这是一份多么深厚、真挚的感情啊！

俗话说，患难见真情。真正的爱情不需要甜言蜜语做堡垒，而是两个人能够相濡以沫，在伴侣身处困境时能够不离不弃。

与过去告别，让往事成风

不要让昨日的爱恋成为今日的牢狱，生活本应该是幸福的，生命本应该是用来创造爱的，过去的爱已然成为过去，它不应该继续占据你的心灵，不管它过去是多么美好，人总不应该执著于过去。

人们的痛苦常常缘于执著，然而过分的执著无异于画地为牢，把自己久久地限制在烦恼和痛苦中，不得解放，而过分执著于已经失去的东西，则会将自己推入痛苦的深渊。

一个女孩失恋了，与她相恋了7年的男朋友提出分手。这个女孩大受打击，她想起他们之间的种种海誓山盟，想起他说过要爱自己一辈子，陪自己一辈子……这一切，不过才经历了7年的时间，怎么他一句话就让爱情灰飞烟灭了呢？

女孩无论如何也接受不了这个事实。她每天以泪洗面，苦苦请求他不要离开自己。两个星期之后，她再也找不到他，不管是打电话还是发信息，他都不再理她，他后来干脆换了号码。她发疯似的四处找他，才发现他已经辞职，搬了家，而他的朋友也都不知他的去向。

女孩很不甘心就这样失去他，她再也无心工作，干脆辞了职，放任自己在漫无边际的痛苦里游荡。终于有一天，她的一个朋友说曾在一家餐厅里见到他和一个女孩在一起很亲密的样子。她的泪汹涌而出，痛哭一阵之后说："我要找到他，我要报复他。"

她开始抽烟、喝酒、乱交男朋友，可是她并没有因此获得快乐，相反却陷入了越来越深的痛苦之中。她在痛苦中沉沦，他却有了自己的新生活。当他拥着另外一个女孩步入婚姻殿堂的时候，她还在边抽烟边痛苦地向一位朋友痛斥他的背叛。她没有明白，若强迫一个不再爱自己的人留在身边，比失去他更悲哀。

你是否曾为“打翻的牛奶哭泣”？不要这么做，因为不值得。再厚的阴云也有被风吹散的一天；再厚的寒冰也有被太阳融化的一天；再深的误会总会有冰释的一天；再痛苦的失恋也会有被时间冲淡的一天。在阴云尚未被吹散，寒冰还没被融化，误解还未消除，失恋的痛苦还未被冲洗掉以前，我们应该控制住自己的心，不让它被阴云笼罩。不要为已经发生的事伤神，既然决定告别一段感情，就应该尽早把它忘掉。生活就是这样，在错误中汲取教训，忘掉过往的种种，然后带着微笑面对以后的生活。

太过执著于自己的不幸，夸张地为自己挖下自怜的陷阱只能证明你不爱惜自己，任自己生活在痛苦的阴影中只能证明你不珍惜生命。过去的爱已经无法回头，无论它曾经多么美好。没有爱人，我们仍然可以守住自我、守住本性，这样才拥有活得精彩的资本。永远不要拿逝去的爱来惩罚自己，这样做的结果只会是迷失了自我。